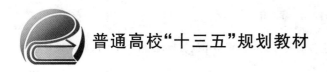

普通高校"十三五"规划教材

Flash 动画与交互动画实例教程
（第 3 版）

主　编　潘明寒
副主编　张峰庆　董　辉

北京航空航天大学出版社

内 容 简 介

本书是一本详细介绍采用 Flash CS6 软件进行动画与交互动画制作的教程,根据初学者的特点设计了循序渐进的教学流程。全书共 10 章,内容安排如下:

第 1 章和第 2 章介绍 Flash CS6 的界面、工具和对象的编辑;第 3 章和第 4 章介绍各种类型动画的制作;第 5 章介绍元件与实例的制作和应用;第 6 章介绍给动画添加声音以及将影片发布为 EXE 文件的方法;第 7 章和第 8 章介绍制作简单交互动画的方法;第 9 章介绍在动画中使用组件的方法;第 10 章提供 3 个动画实例,分别是课件的制作、音乐短片的制作和静态网站的制作。

本书主要面向初学 Flash 动画制作的大学本科各专业学生,也可供专科和高职学生以及对 Flash 动画制作感兴趣的业余爱好者参考。

图书在版编目(CIP)数据

Flash 动画与交互动画实例教程 / 潘明寒主编. -- 3 版. -- 北京:北京航空航天大学出版社,2016.6
ISBN 978-7-5124-2069-4

Ⅰ.①F… Ⅱ.①潘… Ⅲ.①动画制作软件—高等学校—教材 Ⅳ.①TP317.4

中国版本图书馆 CIP 数据核字(2016)第 047469 号

版权所有,侵权必究。

Flash 动画与交互动画实例教程(第 3 版)

主 编 潘明寒
副主编 张峰庆 董 辉
责任编辑 孙兴芳

*

北京航空航天大学出版社出版发行

北京市海淀区学院路 37 号(邮编 100191) http://www.buaapress.com.cn
发行部电话:(010)82317024 传真:(010)82328026
读者信箱:goodtextbook@126.com 邮购电话:(010)82316936
北京时代华都印刷有限公司印装 各地书店经销

*

开本:787×1 092 1/16 印张:15.75 字数:403 千字
2016 年 6 月第 3 版 2016 年 6 月第 1 次印刷 印数:3 000 册
ISBN 978-7-5124-2069-4 定价:34.00 元

若本书有倒页、脱页、缺页等印装质量问题,请与本社发行部联系调换。联系电话:(010)82317024

前　　言

　　Flash是一款二维动画设计软件,具有功能强大、快捷便利的优势,其SWF格式的动画文件在网络上广泛使用。本书从初学者的角度设计学习流程,借助116个实例,循序渐进地介绍了二维动画的制作方法。

　　根据本书前两版的使用情况和Flash设计软件的发展,作者对本书做了两个方面的改动:一是采用Flash CS6为设计软件,二是与网页方面的联系更加密切。全书共分10章,各章内容安排如下:

　　第1章"Flash基础"介绍了Flash的基础知识和Flash CS6的界面组成,通过上机实验题演示了制作Flash影片的基本步骤。本章上机实验举例有1个。

　　第2章"对象的创建与编辑"介绍了工具的使用以及制作编辑对象的方法,还介绍了导入、变形、分离对象的操作,通过上机实验题演示了较复杂对象的制作过程。本章例题与上机实验举例共有8个。

　　第3章"制作基础动画"介绍了图层、时间轴和帧的使用方法,并通过实例介绍了帧-帧动画、补间形状、传统补间和补间动画的制作方法,通过上机实验题演示了几个典型基础动画的制作过程。本章例题与上机实验举例共有19个。

　　第4章"制作高级动画"介绍了引导层、传统运动引导层、遮罩层和场景的使用方法,还介绍了3D工具、骨骼工具的使用方法,通过上机实验题演示了几个典型高级动画的制作过程。本章例题与上机实验举例共有16个。

　　第5章"元件与实例"介绍了元件与实例的概念,以及创建元件、创建实例、用元件制作动画的方法,通过上机实验题演示了使用元件制作动画的过程。本章例题与上机实验举例共有21个。

　　第6章"声音、视频与影片发布"介绍了给按钮和影片添加声音的方法,以及影片发布的步骤,通过上机实验题演示了给影片添加背景声音和将影片发布为EXE文件的操作过程。本章例题与上机实验举例共有7个。

　　第7章"制作简单交互动画"介绍了动作和脚本的概念,以及为按钮、帧、影片剪辑分配简单动作的方法,通过上机实验题演示了简单交互动画的制作过程。本章例题与上机实验举例共有9个。

　　第8章"制作高级交互动画"介绍了程序设计的基本概念,以及对象、程序分支结构和程序循环结构的使用方法,通过上机实验题演示了高级交互动画的制作过程。本章例题与上机实验举例共有13个。

　　第9章"使用组件制作动画"介绍了常用组件的使用方法,通过上机实验题演示了表单的制作过程。本章例题与上机实验举例共有19个。

　　第10章"综合实例"介绍了综合应用所学内容解决实际问题的范例。本章有3个实例。

本书是一本详细介绍采用 Flash CS6 软件进行动画与交互动画制作的教程，与其他同类图书相比，具有以下显著特点：

① 合理的章节及内容安排。根据初学者的学习特点和接受能力，采取由低到高、循序渐进的方法安排全书章节内容，从各知识点的详细讲解到上机实验的合理安排，体现了完整的教学设计。

② 精彩、实用、简单易学的实例。书中包含 116 个有针对性的实例和上机实验举例，每个实例都有详细的操作说明，使学习过程简明生动。通过实例使读者举一反三，体现了案例教学的优越性。

③ 详细的配套资料。本书配套资料提供全部实例源程序以及 Flash ActionScript 2.0 和 Flash ActionScript 3.0 两种版本的脚本代码，读者可以根据章节在配套资料对应目录下查找实例并演示结果。另外，配套资料还提供了教学 PPT 课件和教材思考题答案，以及部分上机练习题和课程设计的学生习作，供教师和学生参考。

本书由潘明寒担任主编，张峰庆和董辉任副主编。其中，第 1~3 章由董辉编写，第 4~6 章由张峰庆编写，其余章节由潘明寒编写并负责全书审阅。

本书主要面向初学 Flash 动画制作的大学本科各专业学生，也可供专科和高职学生以及对 Flash 动画制作感兴趣的业余爱好者参考。

由于作者水平有限，书中难免有疏漏之处，真诚欢迎读者及同行提出宝贵意见和建议，共同切磋（联系邮箱 wfu_jzy@163.com）。在此深表感谢！

作　者
2016 年 3 月

配套 PPT 课件　　上机实验作品　　课程设计作品

增值服务说明

本书为读者免费提供配套资料，以二维码的形式分别印在前言及各章标题后，请扫描二维码下载。读者也可以通过以下网址从"百度云"下载全部资料：http://pan.baidu.com/s/1o7Rwkga。

二维码使用提示：手机安装有"百度云"App 的用户可以扫描并保存到云盘中；未安装"百度云"App 的用户建议使用 QQ 浏览器直接下载文件；ios 系统的手机在扫描前需要打开 QQ 浏览器，单击"设置"，将"浏览器 UA 标识"一栏更改为 Android；Android 等其他系统手机可直接扫描、下载。

配套资料下载或与本书相关的其他问题，请咨询理工图书分社，电话：(010)82317036，(010)82317037。

目　　录

第 1 章　Flash 基础 ········· 1
- 1.1　Flash 概述 ········· 1
- 1.2　Flash CS6 的操作界面 ········· 3
- 1.3　常用面板简介 ········· 11
- 1.4　上机实验　制作第一个 Flash 影片 ········· 15
- 思考题与上机练习题一 ········· 17

第 2 章　对象的创建与编辑 ········· 18
- 2.1　绘制图形工具 ········· 18
- 2.2　选取对象工具 ········· 27
- 2.3　编辑对象工具 ········· 30
- 2.4　处理对象 ········· 37
- 2.5　处理位图 ········· 42
- 2.6　上机实验　制作图像 ········· 43
- 思考题与上机练习题二 ········· 46

第 3 章　制作基础动画 ········· 48
- 3.1　帧的操作 ········· 48
- 3.2　图层的操作 ········· 52
- 3.3　帧-帧动画 ········· 55
- 3.4　补间形状 ········· 59
- 3.5　传统补间 ········· 63
- 3.6　补间动画 ········· 66
- 3.7　上机实验　制作基础动画 ········· 68
- 思考题与上机练习题三 ········· 72

第 4 章　制作高级动画 ········· 73
- 4.1　使用引导层 ········· 73
- 4.2　使用传统运动引导层 ········· 75
- 4.3　使用遮罩层 ········· 77
- 4.4　使用场景 ········· 80
- 4.5　使用 3D 工具 ········· 82
- 4.6　使用骨骼工具 ········· 85
- 4.7　上机实验　制作高级动画 ········· 86
- 思考题与上机练习题四 ········· 92

第 5 章 元件与实例 ... 93

5.1 认识元件 ... 93
5.2 创建元件 ... 95
5.3 使用"库"面板 ... 100
5.4 使用元件的实例 ... 103
5.5 上机实验 用元件制作动画 ... 110
思考题与上机练习题五 ... 116

第 6 章 声音、视频与影片发布 ... 117

6.1 声音的导入与编辑 ... 117
6.2 给按钮、影片和帧添加声音 ... 121
6.3 使用视频 ... 123
6.4 导出影片与发布影片 ... 124
6.5 上机实验 添加背景声音与发布 EXE 文件 ... 128
思考题与上机练习题六 ... 129

第 7 章 制作简单交互动画 ... 130

7.1 认识动作 ... 130
7.2 给按钮分配动作 ... 133
7.3 给关键帧分配动作 ... 137
7.4 给影片剪辑分配动作 ... 140
7.5 上机实验 制作简单交互动画 ... 148
思考题与上机练习题七 ... 152

第 8 章 制作高级交互动画 ... 153

8.1 程序设计的基本概念 ... 153
8.2 运算符 ... 159
8.3 程序书写的基本语法 ... 163
8.4 使用内置对象建立动画 ... 166
8.5 条件判断语句 ... 172
8.6 循环语句 ... 181
8.7 上机实验 制作简易计算器 ... 184
思考题与上机练习题八 ... 187

第 9 章 使用组件制作动画 ... 188

9.1 认识组件 ... 188
9.2 组件使用简介 ... 189
9.3 使用 Button 组件 ... 194

9.4　使用 Label 组件 …………………………………………………… 196
9.5　使用 CheckBox 组件 ……………………………………………… 198
9.6　使用 RadioButton 组件 …………………………………………… 199
9.7　使用 ComboBox 组件 ……………………………………………… 201
9.8　使用 List 组件 ……………………………………………………… 203
9.9　使用 ScrollPane 组件 ……………………………………………… 205
9.10　使用 Loader 组件 ………………………………………………… 207
9.11　使用 Window 组件 ………………………………………………… 208
9.12　使用 TextArea 组件 ……………………………………………… 209
9.13　使用 TextInput 组件 ……………………………………………… 211
9.14　使用 ProgressBar 组件 …………………………………………… 213
9.15　使用 MediaPlayback 组件 ………………………………………… 214
9.16　上机实验　用组件制作表单 ……………………………………… 216
思考题与上机练习题九 …………………………………………………… 217

第 10 章　综合实例　218

10.1　制作课件 …………………………………………………………… 218
10.2　制作音乐动画 ……………………………………………………… 226
10.3　制作静态网站 ……………………………………………………… 234
上机练习题十 ……………………………………………………………… 240

参考文献　241

第 1 章　Flash 基础

第1章程序

　　Flash 是一种交互式的二维动画设计软件,可以用来制作动画、广告、游戏、课件、MV、网站等,是用于创建动画和多媒体内容的强大的创作平台。

　　本书所有讲解以及实例均采用 Flash CS6 作为开发工具。

1.1　Flash 概述

1.1.1　Flash 的基本特点

　　Flash 的精确概念是:基于矢量的具有交互性的动画设计软件,它可以将音乐、声效和动画融为一体。

　　Flash 有 5 个基本特点:

　　① Flash 产生的动画作品属于矢量动画,可以无限放大而不失真。

　　② Flash 的最终打包文件为 SWF 格式,体积出奇的小,特别符合网络传输的需要。

　　③ Flash 的 SWF 格式文件采用流式播放,可以边下载边演示。

　　④ Flash 可以包含位图和声音,作品有非常强的多媒体效果。

　　⑤ Flash 有内置的面向对象的动作脚本语言,可以为 Flash 动画添加交互功能。

　　所以,Flash 在互联网上应用广泛,被称为"网上交互式矢量动画标准",而那些善于使用 Flash 的网友则被称为"闪客"。

1.1.2　Flash 文件的格式

　　Flash 文件的格式有以下几种:

　　① FLA 格式:FLA 是 Flash 的源程序格式,动画所包含的全部原始信息和素材都保存在 FLA 文件中,体积较大。打开这种格式的文件可以看到层、库、时间轴、舞台和脚本等信息,能对动画进行编辑修改。

　　② SWF 格式:SWF 是 FLA 文件编辑完成后的输出格式,SWF 文件可以直接播放或直接应用到网页中。由于 SWF 文件经过最大幅度的压缩,因此体积很小。

　　③ AS 格式:AS 是 Flash 的脚本文件,将 ActionScript 代码保存在 FLA 文件以外的位置,便于代码的管理。

　　④ SWC 格式:SWC 文件包含可重新使用的 Flash 组件,类似 ZIP 文件。

1.1.3　动画的概念

　　动画由一幅幅存在一定动作关联的图像组成,当每秒变换的画面达到或超过 24 幅时,人们就会感觉到连贯、流畅的动画效果。影院里播放的电影就是利用这个原理。

　　在 Flash 中,"帧"是构成动画的基本单位,1 秒的动画由许多个画面组成,这一个个的基础画面就叫作"帧"。在网上播放的 Flash 动画,只要帧速率为 12 帧/秒,其动画效果就已经足够连贯和流畅。

1.1.4 矢量图形与位图图形

矢量图形和位图图形是计算机显示图形的两种主要方式。Flash 是建立在矢量图形系统之上的,其创建的元素用矢量描述。

1. 矢量图形

矢量图形用包含颜色和位置属性的线条或曲线描述图像,这些线条或曲线被称为矢量。矢量图形的基本元素是节点和路径,节点上包含的控制点负责相邻路径的形状和长度,一个路径至少有两个节点,可以很方便地修改图像的形状、边界等基本属性。

矢量图形与分辨率无关,在不同分辨率的输出设备中,矢量图形的画面不会失真。另外,矢量图形文件的体积比位图图形文件的体积小很多倍,它所占的存储空间是位图的几千分之一。

矢量图形不适合制作色调丰富、色彩变化太多的图像。

2. 位图图形

位图也叫点阵图,用许多不同颜色的点来描述图像,这些点被称为像素。像素就像彩色小方块一样,拼合在一起组成图形。位图图形中每一个点都是唯一确定的,多一个点或少一个点都会影响图像的精确性。编辑修改位图图形就是对像素进行操作。

位图与分辨率密切相关,缩放或旋转位图会导致图像失真。位图文件体积一般比较大。

位图图形有良好的视觉效果和表现力,适合制作色彩丰富的图像,如照片、扫描图。另外,用绘画程序创建的图形都属于位图图形。

3. 位图转化为矢量图

在 Flash 中将位图图形转换为矢量图形的步骤如下:

选取相应位图,选择"修改"→"位图"→"转换位图为矢量图"菜单项,在对话框中设置参数,单击"确定"按钮,位图被转换为矢量图,对话框如图 1-1 所示。

图 1-1 转换位图为矢量图

1.1.5 流技术

流技术是边下载边演示的技术,即影片的内容还没有全部下载完,用户就可以开始观看了。采用这种技术后,网络用户可以一边欣赏影片一边下载,避免了漫长的等待。

1.1.6 动作脚本

动作脚本是 Flash 中使用的脚本语言,可以为 Flash 动画添加交互性,通过脚本来控制影片,使影片按期望的设计内容显示。例如:选择不同的按钮,使 Flash 影片播放不同的内容。动作脚本支持面向对象编程,接近 Java 编程模式,功能比较全面。

Flash CS6 提供两种脚本版本:ActionScript 2.0 和 ActionScript 3.0,两种版本不兼容。考虑到 ActionScript 2.0 的语法与 C 语言接近,更适合初学者,所以本书使用 ActionScript 2.0 编写动作脚本,同时也使用 ActionScript 3.0 做了相同的实例,可以对比参考。

1.1.7 常见的动画格式文件

1. GIF 格式

GIF 格式的动画文件常用于颜色简单、数据量小的简单帧动画,它支持 256 色的彩色图像,可以记录多幅图像。

2. SWF/FLA 格式

这两种格式的动画文件由 Flash 动画制作软件生成,可以附带声音,是目前网络中应用较为广泛的动画格式文件。

3. AVI 格式

AVI 格式的动画文件是一种音视频交错的文件格式,多用于视频文件,允许视频和声音交错在一起同步播放,支持 256 色。

4. FLI/FLC 格式

这两种格式的动画文件采用 256 色,有较高的无损压缩率,通用性很好,几乎所有的动画编辑制作软件都支持这种动画文件格式。

1.2 Flash CS6 的操作界面

1.2.1 Flash CS6 的开始窗口

选择"开始"→"程序"→"Adobe"→"Adobe Flash Professional CS6"菜单项,或双击桌面 Flash 的快捷方式图标,启动 Flash CS6,显示开始窗口,如图 1-2 所示。

① 在"从模板创建"列表中列出了 Flash 提供的文档模板,用来快速创建基于该模板的文档。

② 在"打开最近的项目"列表中显示最近操作过的文件,单击一个文件名可以快速打开该文件。单击"打开"图标,可以在磁盘上查找并打开没有显示在列表中的其他 Flash 文件。

③ 在"新建"列表中显示 Flash 的各种文件类别。单击 Flash 文件"ActionScript 2.0",创建基于 ActionScript 2.0 脚本语言的空白 Flash 文档。

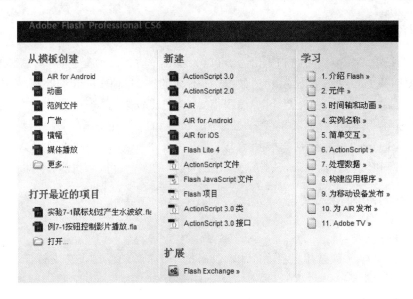

图 1-2　Flash CS6 的开始窗口

1.2.2　Flash CS6 的工作窗口

　　Flash CS6 的工作窗口与大多数图像软件的窗口相似，主要由菜单栏、工具箱、时间轴、舞台、工作区、属性面板、面板组等部分组成，所有 Flash 影片都在工作窗口中编辑制作。Flash CS6 的工作窗口如图 1-3 所示。

图 1-3　Flash CS6 的工作窗口

　　下面简单介绍工作窗口各主要部分的功能。

1. 菜单栏

　　菜单栏位于工作窗口上方，在菜单栏中可以执行 Flash 的大多数功能操作。菜单栏包含 11 个菜单项，单击某一菜单项会弹出相应的下拉菜单，在下拉菜单中可以选择各项命令。菜单栏如图 1-4 所示。

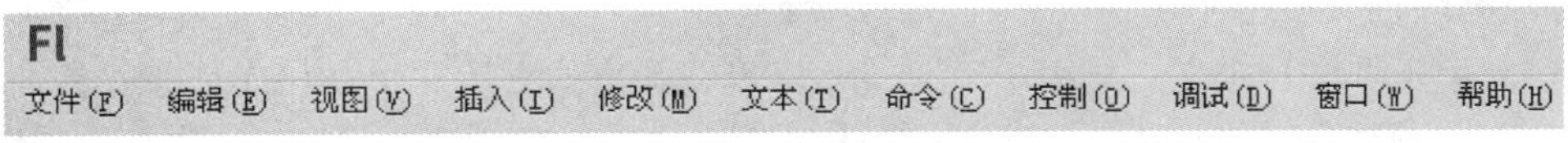

图 1-4 菜单栏

① 打开一个菜单,带有三角标记的命令表示包含级联菜单,带有省略号的命令表示执行该命令时将打开一个对话框。

② 打开一个菜单,单击菜单中的一个命令,或键入命令右边括号内的字母,即可执行该命令。

③ 使用菜单项后面的组合键,可以在不打开菜单的情况下执行该命令。

2. 工具箱

工具箱是 Flash 中重要的面板,其中包含制作动画必不可少的工具,用来选择、绘制、编辑和修改对象。Flash 的工具箱是浮动式的,可以停靠在窗口的不同位置,而且具有收放特性,既能伸展成一行或一列,也能收缩成双行或双列或多行多列。

选择"窗口"→"工具"菜单项,可以显示或隐藏工具箱,这是开关操作,不断执行该命令会在显示和隐藏两种状态之间切换。工具箱如图 1-5 所示。

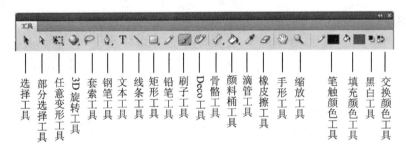

图 1-5 工具箱

单击一个工具图标即可选中该工具。工具图标右下角带有黑色箭头标记的是工具组,单击箭头即可显示工具组中其他工具。

工具箱的工具按功能分为 5 部分,各部分之间被浅灰色细线分隔。

① 选择工具部分:包括选择工具、部分选择工具、任意变形工具、3D 旋转工具和套索工具,这些工具可以实现对象的选择和变化等操作。

② 绘图工具部分:包括钢笔工具、文本工具、线条工具、矩形工具、铅笔工具、刷子工具和 Deco 工具,通过组合使用这些工具,可以绘制出理想的图形。

③ 颜色填充工具部分:包括骨骼工具、颜料桶工具、滴管工具和橡皮擦工具,这些工具可以调整所绘制图形的颜色。

④ 查看工具部分:包括手形工具和缩放工具,其中,手形工具用来移动舞台,缩放工具用来放大或缩小舞台。选中缩放工具以后单击舞台,舞台会放大显示;按住 Alt 键单击舞台,舞台会缩小显示。

⑤ 颜色选择工具部分:包括笔触颜色工具、填充颜色工具、黑白工具和交换颜色工具,其中,笔触颜色工具用来定义线条颜色,填充颜色工具用来定义区域颜色。单击黑白工具,可以

快速将笔触颜色定义为黑色,将填充颜色定义为白色。单击交换颜色工具可以将当前的笔触颜色和填充颜色交换过来。

选择"编辑"→"自定义工具面板"菜单项,可以在弹出的对话框中添加或删除工具。

另外,有些工具还附带选项,选中该工具以后,在工具箱下方显示选项内容。工具的选项内容是动态的,工具不同,选项内容也不同。如图1-6所示,分别为橡皮擦工具和刷子工具的选项。

图1-6 橡皮擦工具和刷子工具的选项

3. 舞台和工作区

舞台位于Flash工作窗口中间,是创建和显示动画的地方,只有出现在舞台上的对象才能被显示在最终影片中。工作区是舞台周围的浅灰色区域,用来临时存放对象,放在工作区中的对象在影片中不显示。

选择"修改"→"文档"菜单项,可以在弹出的"文档设置"对话框中修改舞台各项参数,如图1-7所示。舞台参数主要包括舞台尺寸、舞台背景颜色、帧频等。

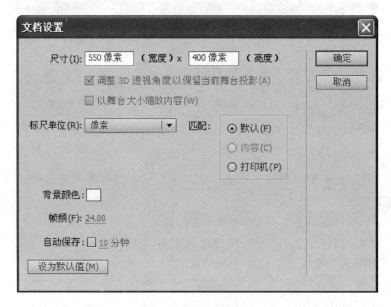

图1-7 修改舞台参数

① 舞台的默认尺寸是550像素×400像素,舞台尺寸可以更改。舞台的大小影响文件的大小,动画制作时舞台尺寸最好与实际动画尺寸相符,不要太大。因为矢量图形缩放不会失真,所以在影片发布时再放大尺寸也不会影响输出后的影片效果。

② 舞台的默认背景颜色是白色,也可以设置为其他颜色。

③ Flash CS6的默认帧频(也就是播放速率)是24帧/秒(帧速率的单位为帧/秒(fps))。帧频可以更改,用于网上播放的动画以12帧/秒作为帧频足够。在"文档设置"对话框中单击

帧频数字,输入新数字(如 12),单击"确定"按钮,即可更改帧频。本书大多数动画采用的帧频为 12 帧/秒。

另外,工作区右上角有一个组合框,用于更改舞台显示比例,既可以从下拉列表框中选择,也可以输入新的值(如 75%)。用不同显示比例展示舞台中的内容,便于总览全局或观察局部细节。缩放舞台显示比例的组合框如图 1-8 所示。

图 1-8 缩放舞台显示比例

4. 时间轴

时间轴是动画和视频类软件的重要概念,用来安排动画内容的空间顺序和时间顺序,记录了动画的全部信息,是控制影片流程的重要手段。时间轴如图 1-9 所示。

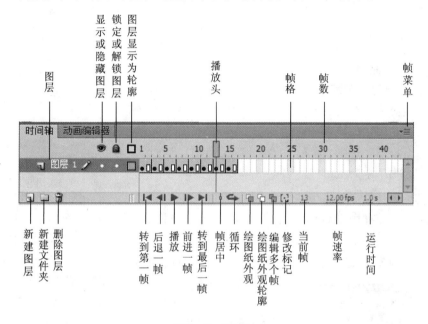

图 1-9 时间轴

时间轴分为两个区域,左边是图层操作区,右边是帧操作区。

① 动画在排列上的先后顺序用层来定义,位于上层的对象会遮盖下层对象的重叠部分,有铅笔图标的图层是当前图层。如果图层较多,则可以建立图层文件夹给图层分组,用锁定图层或隐藏图层的方法可以避免编辑某图层里对象时的相互干扰。

② 动画在时间上出现的先后顺序用帧来定义,通常情况下,位于帧操作区左边的对象会先于右边的对象显示。播放头总是指向当前帧。

③ 从"帧居中"按钮到"修改标记"按钮,这 6 个按钮被称为"洋葱皮",当制作连续性动画时,用它们对齐连续画面中对象的位置。"洋葱皮"不但能以半透明方式显示指定序列画面的内容,还可以同时编辑多个画面的内容。

④ 时间轴中有一个红色的播放头,可以用鼠标左右拖动,播放头停留的位置就是当前帧的位置。动画制作时拖动播放头慢慢移动,可以细致观察动画的变化情况。

⑤ 时间轴下方显示 3 个重要的值,分别表示当前帧、帧速率和动画播放到当前帧的时间。Flash CS6 的默认帧速率为 24 帧/秒,可以将用于网上播放的动画帧速率改为 12 帧/秒。更改

这3个值的方法很简单,单击数值使该位置处于编辑状态,输入新的值即可。3个重要的值如图1-10所示。

⑥ 时间轴下方有一组用于播放动画的按钮,首先用按钮移动播放头到确定位置,然后单击播放按钮,动画将从指定位置开始播放。播放动画的按钮如图1-11所示。

图1-10 3个重要的值　　　　　图1-11 播放动画的按钮

另外,单击时间轴面板的"帧"菜单,在弹出的菜单中选取适当值,可以改变时间轴帧格的宽度和显示样式。"时间轴"面板的"帧"菜单如图1-12所示。

5. 场　景

场景就像传统话剧中的"幕",一个复杂的动画通常需要多个场景,从而方便管理和编辑动画。对场景的操作主要有:添加新场景、切换场景、更改场景名、更换场景次序、删除场景,等等。

① 添加新场景。选择"插入"→"场景"菜单项,工作区左上方会显示最新的场景名。

② 切换场景。单击工作区右上方"编辑场景"按钮 ,会显示当前文档中所有场景名称,单击一个场景名可切换到该场景。

图1-12 "时间轴"面板的"帧"菜单

③ "场景"面板。选择"窗口"→"其他面板"→"场景"菜单项,可打开"场景"面板。

图1-13 "场景"面板

对场景的全部操作都可以在"场景"面板中完成。双击场景名后,输入新场景名,可更换场景名,拖动场景名前的图标上下移动可更换场景次序。"场景"面板左下方有3个按钮,从左到右依次为:添加场景、重制场景、删除场景,选中一个场景后单击相应按钮即可完成指定操作。"场景"面板如图1-13所示。

6. 面　板

Flash CS6的面板是浮动式的,在"窗口"菜单中设定面板的打开和关闭。"窗口"菜单如图1-14所示,其中标有"√"的是已经显示的面板。

面板窗口标题栏右边有三角箭头,用来展开或折叠当前面板窗口。窗口展开时箭头向左,窗口折叠成图标时箭头向右,如图1-15所示。

单击面板窗口右上角的面板操作按钮 ,将显示针对当前面板的操作列表。不同的面板具有不同的操作列表,但都有关闭当前面板和关闭面板组的操作命令。单击操作列表中的"关闭"命令可关闭当前面板,单击操作列表中的"关闭组"命令可关闭当前面板组。关闭面板和关闭面板组如图1-16所示。

Flash CS6提供多种工作窗口样式,选择"窗口"→"工作区"菜单项,在列表中选择工作窗口样式。初学者通常选用"基本功能"工作窗口或"传统"工作窗口。工作窗口样式列表如图1-17所示。

图1-14 "窗口"菜单

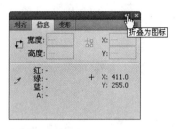

图1-15 展开或折叠面板窗口

图1-16 关闭面板和面板组

图1-17 工作窗口样式列表

1.2.3 使用标尺和网格

标尺和网格用来给舞台中的元素定位提供参考,使画面更加规整严谨。系统默认不显示标尺和网格,若使用则需要特别设置。

1. 标　尺

标尺显示在工作区的顶部和左部,显示标尺后,在舞台中移动元素时,标尺上会显示元素的边框定位线。舞台左上角的横向标尺和纵向标尺位置都与0对应。选择"视图"→"标尺"菜单项,可以显示或隐藏标尺。标尺如图1-18所示。

2. 网　格

网格显示在舞台中,通过网格可以了解对象之间的间隔和大小。网格线在最终作品中不显示。选择"视图"→"网格"→"显示网格"菜单项,可以显示或隐藏网格。

选择"视图"→"网格"→"编辑网格"菜单项,可以在"网格"对话框中调整网格大小。"网格"对话框如图1-19所示。

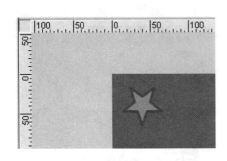
图 1-18 标 尺

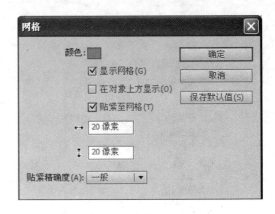
图 1-19 "网格"对话框

① 在 文本框和 ↕ 文本框中输入新的像素值,可以改变网格尺寸。
② 选中"贴紧至网格"复选框以后,在舞台移动对象时,对象会自动停靠在贴紧网格线的位置。

3. 辅助线

在工作区内添加辅助线可以给动画元素定位提供参考。启用标尺后,按下鼠标左键并从标尺旁移到舞台内,即生成一条绿色辅助线,辅助线可以生成多条。将辅助线从舞台拖到标尺处,该辅助线被清除。

添加好辅助线以后,可以对辅助线的属性进行编辑,选择"视图"→"辅助线"→"编辑辅助线"菜单项,可打开"辅助线"对话框,如图 1-20 所示。

图 1-20 "辅助线"对话框

① "颜色":设置辅助线的颜色。
② "显示辅助线":选中该复选框后可显示辅助线,取消选中时可隐藏辅助线。
③ "贴紧至辅助线":选中该复选框后,在舞台内移动对象时,如果靠近辅助线则会自动吸附到辅助线位置。
④ "锁定辅助线":选中该复选框后,添加好的辅助线无法拖动。
⑤ "全部清除":单击该按钮,清除工作区内所有辅助线。

1.3 常用面板简介

1.3.1 "属性"面板

"属性"面板在动画制作中起着重要作用,用来给对象设置参数,它将动画创作的最基本选项整合在一起,在其中可以访问到大部分的工具选项。

通常在"属性"面板中查看和更改对象的类型、所在位置、大小等属性,在"属性"面板中所做的更改是实时的,若输入新的值,则当前对象会立即按新的值显示。

"属性"面板是动态面板,根据所选对象显示相应属性信息并进行编辑。"椭圆工具"的"属性"面板如图1-21所示。

图1-21 "椭圆工具"的"属性"面板

1.3.2 "信息"面板

"信息"面板提供操作中的相关信息。例如:在舞台中选中一个对象,"信息"面板会显示该对象的颜色、位置、宽、高等信息,如图1-22所示。

① "宽"和"高"后面的值显示当前对象的宽度和高度的像素值。

② "X"和"Y"后面显示选中的对象在舞台中的位置。

③ "吸管"图标后面显示指针指向位置的颜色值和透明度值。

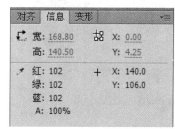

图1-22 "信息"面板

④ "+"号后面显示指针当前指向位置的坐标值(坐标原点为舞台左上角)。

1.3.3 "变形"面板

"变形"面板用来设置对象或选择区域中内容的各种变形,如拉伸、旋转、倾斜等,还可以复制所产生的变形体。面板中的数字部分都可以单击以后输入新的值。"变形"面板如图1-23所示。

另外,对象变形也可以用菜单操作,即选择"修改"→"变形"菜单项,在级联菜单中选一种变形方式,如图1-24所示。

图1-23 "变形"面板　　图1-24 用菜单操作对象变形

1.3.4 "对齐"面板

"对齐"面板用来设置所选对象的对齐方式、分布方式、匹配方式和间隔距离。在舞台中按住Shift键单击各个对象,可以将多个对象同时选中,然后用"对齐"面板来排列选定对象的位置(如顶对齐)。"对齐"面板如图1-25所示。

另外,对齐对象也可以用菜单完成,即选择"修改"→"对齐"菜单项,在级联菜单中选一种对齐方式即可。

图1-25 "对齐"面板

1.3.5 "样本"面板

"样本"面板实际上是颜色库,显示系统提供的实色和渐变色。单击面板右上角的面板操作按钮,可以选择给面板添加颜色、替换颜色、清除颜色等操作。"样本"面板如图1-26所示。

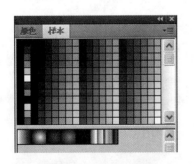

图1-26 "样本"面板

1.3.6 "颜色"面板

"颜色"面板用于定义图形的笔触色(即边框色)、填充色、透明度、渐变填充的样式(如线性、放射状)、渐变填充的颜色样式等。"颜色"面板如图1-27所示。

① 单击 按钮,定义图形边框色。

② 单击 按钮,定义图形填充色。

③ 单击 按钮,定义边框色为黑色而填充色为白色。

④ 单击 按钮,定义边框色或填充色为"无色"。

⑤ 单击 按钮,将当前边框色与填充色对换(若填充色为渐变填充,则对换后将转化为单色)。

⑥ 在"类型"下拉列表框中定义填充样式,如纯色和线性,默认值为纯色。

⑦ 在"红"、"绿"、"蓝"3个下拉列表框中用数字精确定义颜色,数字范围为0~255。

⑧ 在Alpha下拉列表框中用百分比值定义对象的透明度,其中,0为透明,100%为不透明。

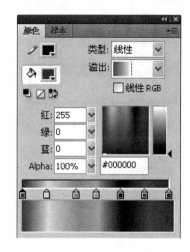

图1-27 "颜色"面板

⑨ Alpha下拉列表框右面的文本框显示十六进制的颜色值,如♯FF22BB,其中,前两位代表红色,中间两位代表绿色,后两位代表蓝色,数值从0~F。

如果选择"线性"渐变填充,则系统会自动提供7种颜色的渐变颜色样式,可以在面板下方对渐变颜色样式进行编辑。拖动一个颜料桶到面板窗口外,该颜料桶消失,渐变中就会去除该颜色。在颜料桶旁单击,会添加一个颜料桶。双击一个颜料桶,可以在样本中给当前颜料桶选择新的颜色。

1.3.7 "历史记录"面板

"历史记录"面板显示自创建文档或打开某个文档后执行过的操作步骤列表,在"历史记录"面板中可以一次撤销多个操作步骤。打开"历史记录"面板的方法:选择"窗口"→"其他面板"→"历史记录"菜单项,即可打开"历史记录"面板。"历史记录"面板如图1-28所示。

① "历史记录"面板只记载和显示当前文档的操作步骤。

② "历史记录"面板按先后顺序记录操作步骤,不能重新排列步骤的顺序。

③ 拖动面板中的滑块向上,可以一次撤消多个操作步骤。

④ 在"历史记录"面板中单击一个步骤,然后按住Shift键单击另一个步骤,可选中两步骤之间的所有步骤,按住Ctrl键单击,可选中一些不连续的步骤。

⑤ 单击面板下方的"重放"按钮,将所选步骤重新执行一遍。单击面板下方的"复制"图标,将所选步骤复制到剪贴板。单击面板下方的"保存"图标,将所选步骤保存为命令。

系统默认允许按倒序的顺序撤消100个操作步骤,选择"编辑"→"首选参数"菜单项,在"层级"文本框中输入一个数值,可以改变历史记录的默认值,如图1-29所示。

"撤消"下拉列表框中有两个选择:对象层级撤消和文档层级撤消。对象层级撤消以每个元件为单位,直接进入元件中进行撤消,不影响其他元件和整体步骤。例如,拖动滑块向上移到某个元件处,修改完该元件后再将滑块向下拖到当前位置,可以发现之间所有的步骤都保存完好。而文档层级撤消是针对文档整体操作步骤的。

 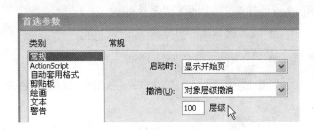

图 1-28 "历史记录"面板　　　　　图 1-29 改变历史记录的默认值

1.3.8 "库"面板

"库"面板中存放文档中的元件和导入到库中的其他对象,如位图、视频、SWF文件、声音等,库中的对象都可以反复使用。打开库的方法:选择"窗口"→"库"菜单项,即可打开库。"库"面板如图 1-30 所示。

① 把一个元件从"库"面板中拖入舞台,就创建了该元件的实例。一个元件可以创建多个实例,但 Flash 文档只存储它的一个拷贝。所以,使用元件能有效减少文件大小。

② 修改元件时所有该元件的实例都会发生改变,但修改实例却不会影响元件。

③ "库"面板左下方有 4 个按钮,从左到右依次为:新建元件、新建文件夹、属性、删除。单击"属性"按钮打开"元件属性"对话框,该对话框可显示和编辑当前元件。单击"删除"按钮可删除当前选中的库元素。"元件属性"对话框如图 1-31 所示。

图 1-30 "库"面板

④ 右击一个库元素后,会弹出快捷菜单,常用的操作可以用快捷菜单来实现。

⑤ Flash 支持打开多个文档,单击"库"面板上方的文档名称下拉列表框的下三角按钮,即可显示所有已打开的文档名称,任意选取一个文档,库中会显示该文档的库元素,把库元素拖到舞台中,该元素就成为当前文档的库元素。用这种方法可以使几个文档共享所有元件和图片等。在"库"面板中切换文档如图 1-32 所示。

 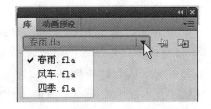

图 1-31 "元件属性"对话框　　　　　图 1-32 在"库"面板中切换文档

⑥ 单击"库"面板窗口右上角的面板操作按钮,可显示"库"面板的操作列表,复制元件可以用操作列表中的"直接复制"命令实现。"库"面板的操作列表如图 1-33 所示。

1.3.9 "公用库"面板

公用库中存放系统提供的元素,有两个选项:按钮、类。

选择"窗口"→"公用库"→buttons 菜单项,即可显示公用库中的按钮。单击文件夹图标展开按钮组,然后选择其中的按钮。公用库中的按钮如图 1-34 所示。

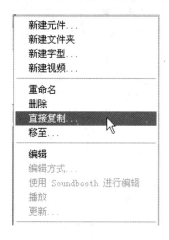
图 1-33　"库"面板的操作列表

图 1-34　公用库中的按钮

1.4　上机实验　制作第一个 Flash 影片

1.4.1　实验目的

制作第一个 Flash 动画,显示"祝你平安"4 个大字。通过实验了解新建文档、设置 Flash 文档参数、保存文档、演示动画等操作,初步了解简单动画的制作过程。

1.4.2　实验要求

实验的具体要求如下:
① 创建名为"实验 1-1 第 1 个动画.fla"的文档。
② 文档背景色为黄色,每秒播放 12 帧。
③ 显示标尺,显示网格,网格大小为 25 像素。
④ 设置舞台的显示比例为 75%。
⑤ 4 个字用 4 种颜色,字体为楷体,1 秒换一个画面。
⑥ 用鼠标拖动播放头观看动画效果,用"播放"命令(Enter)观看动画效果,用"测试影片"命令(Ctrl+Enter 快捷键)观看动画效果。

1.4.3　实验步骤

步骤 1: 创建文档
① 启动 Flash CS6→在开始窗口"新建"列表中选择"ActionScript 2.0"。

② 选择"文件"→"另存为"菜单项,选择文档的保存位置→给文档起名→单击"保存"按钮。

说明：

① 也可以在开始窗口直接用菜单命令建立 Flash 文档,选择"文件"→"新建"菜单项,在对话框中选择"ActionScript 2.0"→单击"确定"按钮。

② 保存文档常用的 3 种方法："保存"、"另存为"、"另存为模板"。用"保存"和"另存为"保存的文件是 FLA 格式,用"另存为模板"保存的文件还要在对话框中进一步选择保存的类型格式。

步骤 2： 设置文档属性

① 选择"修改"→"文档"菜单项,可打开"文档设置"对话框。

② 单击"背景颜色"按钮→在弹出的颜色盒中选黄色。

③ 在"帧频"文本框中输入"12"。

④ 单击"确定"按钮。

步骤 3： 设置舞台样式

① 选择"视图"→"网格"→"显示网格"菜单项,在舞台中显示网格线。

② 选择"视图"→"网格"→"编辑网格"菜单项,在"网格"对话框中的"横向拉伸"文本框 ↔ 和"纵向拉伸"文本框 ↕ 中输入"25 像素"。

③ 选择"视图"→"标尺"菜单项,在工作区中显示标尺。

④ 在舞台右上方"舞台显示比例"文本框中输入"75%",如图 1-35 所示。

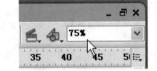

图 1-35 设置舞台显示比例

步骤 4： 制作帧-帧动画

① 右击第 12 帧→在弹出的快捷菜单中选择"插入关键帧"→选取文本工具 T →单击"颜色"框,在颜色样本中选红色→单击"大小"框并输入 100→单击"系列"框的下拉按钮并选"楷体_GB2312"→写"祝"字→在"属性"面板中定义"祝"字坐标为(40,120)。

② 右击第 24 帧→在弹出的快捷菜单中选择"插入关键帧"→同样方法写蓝色"你"字→定义"你"字坐标为(160,120)。

③ 右击第 36 帧→在弹出的快捷菜单中选择"插入关键帧"→同样方法写粉色"平"字→定义"平"字坐标为(280,120)。

④ 右击第 48 帧→在弹出的快捷菜单中选择"插入关键帧"→同样方法写绿色"安"字→定义"安"字坐标为(400,120)。

⑤ 右击第 60 帧→在弹出的快捷菜单中选择"插入帧",使前一帧内容延长显示至 60 帧。

编辑窗口如图 1-36 所示。

步骤 5： 观看动画效果

① 拖动时间轴的播放头从第 1 帧到第 60 帧慢慢移动,观察动画效果。

图 1-36 编辑窗口

② 将播放头移动到第 1 帧,单击时间轴的播放按钮,观察动画效果。

③ 选择"控制"→"测试影片"→"测试"菜单项,或者按 Ctrl+Enter 快捷键,观看动画效果。此时,系统自动在文档存放位置生成影片的 SWF 文件。

观察影片效果可以看到:4 个不同颜色的字逐一显示出来。

1.4.4 小 结

Flash 动画必须在两个不同画面的关键帧之间完成,关键帧之间的画面由计算机计算产生。也就是说,生成动的画面效果至少要用两个关键帧。

用"测试"命令测试动画以后,在保存动画文档的文件夹中会有两个文件名相同但扩展名不同的 Flash 文件:

① 一个文件的扩展名是 FLA,这是 Flash 源程序文件。

② 一个文件的扩展名是 SWF,这是 Flash 打包后的影片文件。

思考题与上机练习题一

1. 思考题

(1) Flash 动画有哪些特点?

(2) Flash 文件有几种格式?各自的特点是什么?

(3) 矢量图形与位图图形主要有哪些不同?

(4) 时间轴的作用是什么?

(5) 动画在时间上出现的先后顺序用什么定义?

2. 上机练习题

(1) 新建基于 ActionScript 2.0 的 Flash 文档,文档背景色为黄色。

(2) 显示标尺和网格,将网格间距定义为 30 像素。

(3) 将舞台显示比例定义为 75%。

(4) 将帧速率定义为 12 帧/秒。

(5) 定义合适的字体、颜色和字大小,写"动画练习"4 个字,每秒显示 1 个字。

(6) 保存动画,演示动画。

第 2 章 对象的创建与编辑

第2章程序

Flash 提供了丰富的绘图工具,我们可以使用绘图工具在舞台中创建和编辑矢量图形,为动画准备素材。本章将介绍创建与编辑对象的方法。

2.1 绘制图形工具

2.1.1 铅笔工具

铅笔工具是一种手绘工具,简单易用,拖动鼠标就能在舞台中绘制各种图形,绘图时按下 Shift 键,可以沿水平或垂直方向画直线。

单击铅笔工具,在"属性"面板中可以设置铅笔的颜色、笔触样式和铅笔头粗细,如图 2-1 所示。

图 2-1 设置铅笔工具的属性

工具箱的选项区提供 3 种铅笔模式:伸直、平滑、墨水,如图 2-2 所示。
① 伸直:可使曲线的拐角处尖锐。
② 平滑:可使曲线的拐角处平滑。
③ 墨水:可使曲线模拟手绘效果,如图 2-3 所示。

图 2-2 铅笔的 3 种模式

图 2-3 模拟手绘效果

说明：用铅笔工具绘出的线条节点较多，会增加文件体积，因此简单图形可以用线条工具和选择工具来绘制。

2.1.2 线条工具

线条工具用来绘制直线，拖动鼠标可画出直线，按下 Shift 键拖动鼠标可画出水平、垂直或 45°方向的直线。线条工具的属性设置与铅笔工具相同。

用选择工具选取线条，在"属性"面板中重新设置线条的颜色、粗细和样式，舞台中的线条会立即得到更改。更改线条样式如图 2-4 所示。

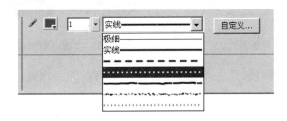

图 2-4　更改线条样式

使用选择工具能延长或弯曲线段，从而变化出各种形状，如图 2-5 所示。

图 2-5　使用选择工具弯曲线条

2.1.3 矩形工具组

矩形工具组由 5 个工具组成，包括：矩形工具、椭圆工具、基本矩形工具、基本椭圆工具、多角星形工具，如图 2-6 所示。

1. 矩形工具

矩形工具是从椭圆工具扩展出来的绘图工具，用法与椭圆工具相似，不同之处在于矩形轮廓线由 4 条直线组成，而椭圆的轮廓线只有 1 个圆圈。按住 Shift 键拖动鼠标，即可画正方形。

矩形边角半径在"属性"面板中设置，如图 2-7 所示。

图 2-6　矩形工具组　　　　　图 2-7　设置矩形边角半径

直角矩形的矩形边角半径为 0，边角半径不为 0 的是圆角矩形。若边角半径大于 0，则矩形圆角外凸;若边角半径小于0,则矩形圆角内凹,如图2-8所示。

2. 椭圆工具

单击工具箱的椭圆工具,在舞台中拖动鼠标即可画出椭圆,按住 Shift 键拖动鼠标可画正圆。

椭圆由轮廓线和填充区域组成,如果只有填充色没有笔触色,那么画出的椭圆就没有轮廓线;如果没有填充色只有笔触色,则画出的椭圆只有轮廓线,如图2-9所示。

图2-8　圆角外凸和圆角内凹　　　　图2-9　椭圆由轮廓线和填充区域组成

① 用选择工具选取椭圆,填充类型选"线性"渐变,椭圆的填充区域会立即变为线性渐变色,如图2-10所示。

② 用选择工具单击轮廓线或填充区域,按 Delete 键可删除所选部分。

③ 用选择工具单击轮廓线或填充区域,将选取的部分拖动到一边,可使椭圆的轮廓线与椭圆的填充区域分离,如图2-11所示。另外,矩形工具也具有此类功能。

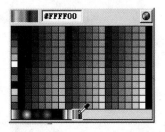    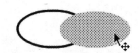

图2-10　椭圆的填充区域变为线性渐变色　　　图2-11　移动椭圆的填充区域

④ 用Ctrl+Z快捷键可撤消当前操作。

3. 基本矩形工具

用基本矩形工具绘制的矩形带有4个控制点,用选择工具移动矩形边角的控制点,矩形的边角会渐渐变成圆弧,如图2-12所示。

4. 基本椭圆工具

基本椭圆工具主要用来绘制扇形。用选择工具移动椭圆轮廓线上的控制点制作出扇形图形,移动椭圆中心的控制点制作出环形,移动环形轮廓线上的控制点制作出环状扇形,如图2-13所示。

图2-12　移动矩形边角的控制点　　　　图2-13　扇形、环形、环状扇形

5. 多角星形工具

用多角星形工具可以制作多边形和多角形,下面介绍画五角星的方法。

① 选择"多角星形工具"→单击"属性"面板的"选项"按钮→在"工具设置"对话框中设置"样式"为"星形"→"边数"为"5"→单击"确定"按钮。"工具设置"对话框如图2-14所示。

② 在"属性"面板中设置笔触色为黑色→填充色为黄色→其他用默认值→在舞台中拖动鼠标画出一个五角星,如图2-15所示。

图2-14 "工具设置"对话框　　　　图2-15 画五角星形

2.1.4 刷子工具组

刷子工具组由刷子工具和喷涂刷工具组成,都属于自由绘图工具,绘制的对象实际上是没有轮廓线的填充区域,使用刷子工具能获得毛笔绘图的效果。

1. 刷子工具

刷子工具提供3种选项:画笔模式、画笔大小和画笔形状。其中,画笔大小和画笔形状比较直观,这里只介绍画笔模式。画笔模式有5种,如图2-16所示。

① 标准绘画:刷子可涂刷舞台内所有区域。

② 颜料填充:刷子只作用于填充区域,不涂刷线条。

③ 后面绘画:刷子只涂刷图形的背景,不影响图像。

④ 颜料选择:在图形中选择一块区域,刷子只涂刷选择的区域内部。

⑤ 内部绘画:若刷子起始点在封闭区域内部,则只涂刷填充区域;若起始点在封闭区域外部,则相当于后面涂刷。

标准绘画、颜料填充和后面绘画的绘画效果如图2-17所示。

图2-16 画笔模式　　　　图2-17 标准绘画、颜料填充和后面绘画

说明:刷子工具的笔触大小不会随着舞台的大小而改变,当需要很细的笔触时,可以将舞台的显示比例放大若干倍。

例2-1 用刷子工具画熊猫

操作步骤如下:

① 工具箱中单击"刷子工具"→填充色选灰色→刷子大小选最小的→画构图。

② 填充色选黑色→刷子大小选第5个→画身子、耳朵和眼圈等→刷子大小选最小的→画眼睛、鼻子、嘴和脚趾。

③ 填充色选灰色→刷子大小选第5个→画脚掌。

④ 填充色选绿色→刷子大小选第3个→刷子形状选第2个→画竹子。

绘图过程和最终效果如图2-18所示。

2. 喷涂刷工具

喷涂刷工具用来产生喷涂效果,喷涂的默认形状是一些圆点,在"属性"面板中增大缩放值可以使圆点变大,圆点颜色也可以在"属性"面板中更换。单击"属性"面板中的"编辑"按钮,选择一个元件作为喷涂元素,则喷涂出的圆点都会用元件替代,如图2-19所示。

图2-18 使用刷子工具画熊猫   图2-19 使用喷涂刷工具

2.1.5 钢笔工具组

钢笔工具不仅用来绘制精确的路径,还可以任意修改绘制的线段,随时添加和减少线条节点数目。钢笔工具组包括4个工具:钢笔工具、添加锚点工具、删除锚点工具和转换锚点工具,如图2-20所示。

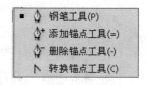

图2-20 钢笔工具组

1. 路径和锚点

路径是绘制对象时产生的直线、曲线、对象边框线、复杂的几何图形。

锚点是选取路径后在路径上显示的一个或多个小圆圈,用选择工具拖曳一个锚点可以改变曲线对象的形状。锚点分为角点和平滑点,角点两端是线段,平滑点两端是弧线。

2. 绘制直线路径

选取"钢笔工具"→单击确定第一个锚点→鼠标移到下一个位置然后单击产生一个新锚点,两锚点之间出现一条直线路径,不断单击画出折线路径,双击最后一个锚点结束路径的绘制。如果将钢笔工具重新移到第一个锚点上,则靠近钢笔笔尖的地方将出现一个小圆圈,单击即可闭合路径。按下Shift键使用钢笔工具,可画出水平、垂直或45°角的直线路径,如图2-21所示。

3. 绘制曲线路径

确定第1个锚点→将鼠标移到新位置向右拖动,直线路径变成曲线路径,同样方法继续进行即可绘制出连续曲线,如图 2-22 所示。

4. 使对象的轮廓显示节点

选定"钢笔工具"以后单击对象轮廓,轮廓就会显示锚点,如图 2-23 所示。

图 2-21　绘制直线路径　　　图 2-22　绘制连续曲线　　　图 2-23　单击对象的轮廓即可显示锚点

5. 增加和删除锚点

选取"添加锚点工具",鼠标变为带加号的钢笔尖,在路径上单击,可以给路径增加一个锚点,如图 2-24 所示。

选取"删除锚点工具",鼠标变为带减号的钢笔尖,在一个锚点单击,可以删除该锚点,删除锚点后路径会发生变化,如图 2-25 所示。

图 2-24　增加一个锚点　　　　　　　　图 2-25　删除一个锚点

6. 平滑点变为角点

选取"转换锚点工具",鼠标变为尖角,在一个平滑点单击,平滑点变为角点,锚点两边的弧变为线段,如图 2-26 所示。

7. 角点变为平滑点

选取"转换锚点工具",在一个角点单击并拖动鼠标,角点变为平滑点,角点两边的线段变为圆弧,如图 2-27 所示。

  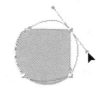

图 2-26　平滑点变为角点　　　　　　　图 2-27　角点变为平滑点

例 2-2　用钢笔工具画陶罐

操作步骤如下:

① 选取"钢笔工具"→笔触色选黑色→画矩形闭合路径。

② 选取"添加锚点工具"→在矩形的左右两边添加锚点→用转换锚点工具拖动新添加的锚点使直线变曲线,矩形闭合路径成为陶罐形状。

③ 选取线条工具→在陶罐形状内部画 3 条直线。

④ 拖动选择工具选取全部线条→设置笔触大小为 3→填充色选黑色。

⑤ 选取刷子工具→填充色选浅灰色→刷子形状选正方形→沿罐口、罐底和几条直线下方涂刷。

⑥ 选取铅笔工具→设置笔触大小为 3→填充色选黑色→画装饰花纹。

绘图过程图和最终效果如图 2-28 所示。

图 2-28 用钢笔工具画陶罐

2.1.6 文本工具

Flash 可以像 Word 一样对文字进行字体、字号、颜色、斜体、段落对齐等处理，还可以设置文字的其他属性。

1. 创建文字

选取文本工具→定义文本类型属性为"静态文本"→定义字体、字号和颜色→在舞台中单击→在显示的文本区域中输入文字。

2. 编辑文字

单击选择工具→拖动鼠标选取所有文字（或者用文本工具双击文字，也可以选取舞台中的文字），然后更改文字内容，重新定义文字的字体、大小和颜色等。

3. 分离文字

选取文字，选择"修改"→"分离"菜单项，将文字变为普通图形。

说明：如果是单个文字，做一次分离操作即可；如果是多个文字，需要做两次分离操作才能将所有文字变为图形。

4. 将文字设置为链接源

选取文字→在"属性"面板的"链接"文本框中输入链接地址→在"目标"文本框中输入链接目标的显示位置，那么选取的文字就成为链接源，如图 2-29 所示。

5. 定义文本类型

Flash 提供了 3 种文本类型：静态文本、动态文本和输入文本。

① 静态文本，文本在发布的作品中只能显示，不能修改。

② 动态文本，是交互式文本，与某个变量相关联，文本内容可以使用动作脚本获取和改变。动态文本必须给文本域变量起个名字，如图 2-30 所示，给变量起名为 aa。

图 2-29 将文字设置为链接源

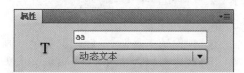

图 2-30 给动态文本变量起名

③ 输入文本，创建能输入文字的文本框，用来接收数据。输入文本可以在发布的作品中被编辑。如果定义"密码"方式显示文字，则输入的字符显示为"＊"。密码设置在"行为"下拉列表框中完成，如图 2-31 所示。

图 2-31　设置显示方式为"密码"

6. 文字的扭曲变形

写几个文字→将文字两次分离→用选择工具选取所有文字→"修改"→"变形"→"封套"→用鼠标拖动控制柄，文字被扭曲变形，如图 2-32 所示。

图 2-32　文字的扭曲变形

例 2-3　制作投影文字

操作步骤如下：

① 新建文档→文档背景色选灰色（♯999999）。

② 选取文本工具→在"属性"面板中定义颜色为黄色→字大小为 90 点→字体为"宋体"→在舞台内写两个字。

③ 用选择工具选中文字，选择"修改"→"分离"菜单项，再次选择"修改"→"分离"菜单项，两次分离使文字变为图形。

④ 选中文字，选择"修改"→"形状"→"扩展填充"菜单项，在"距离"文本框中输入"4 像素"→"方向"选"扩展"，使分离后的文字变粗。"扩展填充"对话框如图 2-33 所示。

⑤ 选中文字→用 Ctrl＋C 快捷键复制文字→用 Ctrl＋V 快捷键粘贴文字→在"属性"面板中将复制的文字颜色改为白色→用自由变形工具将白色文字变倾斜→移动黄色文字到白色文字上方。

投影文字的最终效果如图 2-34 所示。

图 2-33　"扩展填充"对话框

图 2-34　投影文字的最终效果

2.1.7 Deco 工具

Deco 工具用来填充装饰图案,装饰图案的元素可以用库里面的影片剪辑来替换,填充了图案的区域也可以用颜料桶更换其背景色。

Deco 工具提供 3 种图案填充效果:藤蔓式填充、网格填充和对称刷子,在"属性"面板的"绘制效果"下拉列表框中选择,如图 2-35 所示。

1. 藤蔓式填充

使用方法举例如下:

① 在舞台中用椭圆工具画一朵小花→用选择工具选取小花→在"属性"面板中定义花的宽度为 12、高度为 20。

② 右击选中的小花→在弹出的快捷菜单中选择"转换为元件"→在随之打开的窗口中给元件起名为"花朵"→元件类型选择"图形"→单击"确定"按钮→删除舞台中的花。

③ 选取 Deco 工具→在"属性"面板的"绘制效果"下拉列表框中选择"藤蔓式填充"→单击"花"选项右边的"编辑"按钮→在打开的窗口中选择"花朵"元件→单击"确定"按钮。其余选项都取默认值。如图 2-36 所示,设置"藤蔓式填充"选项。

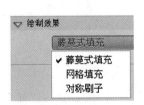　　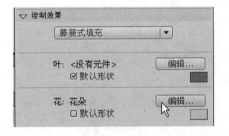

图 2-35　选择图案填充效果　　　　图 2-36　设置"藤蔓式填充"选项

④ 在舞台中单击,或在画出的区域里单击,图案便填充进来了,如图 2-37 所示。

说明:选中"属性"面板中的"动画图案"选项,就可以自动生成填充过程的动画。

2. 网格填充

使用方法举例如下:

① 用矩形工具画只有轮廓线没有填充色的区域。

② 选取 Deco 工具→在"属性"面板的"绘制效果"下拉列表框中选择"网格填充"→单击"填充"选项右边的"编辑"按钮→在打开的窗口中选择"花朵"元件→单击"确定"按钮。

③ 当"属性"面板中的"水平间距"和"垂直间距"都是默认值 1 像素时,在矩形区域中单击→删除填充图案→将"水平间距"和"垂直间距"都改为 0.5 像素→在矩形区域中单击,两次填充图案的对比效果如图 2-38 所示。

3. 对称刷子填充

使用方法举例如下:

① 选取 Deco 工具→在"属性"面板的"绘制效果"下拉列表框中选择"对称刷子"→单击"模块"选项右边的"编辑"按钮→在打开的窗口中选择"花朵"元件→单击"确定"按钮。

图 2-37　藤蔓式图案填充　　图 2-38　两次填充图案的对比效果

② 在"高级选项"下拉列表框中选择"绕点旋转"，在舞台中将会出现对称刷子坐标。对称刷子的高级选项如图 2-39 所示。

③ 在对称刷子坐标中心点附近单击→离坐标中心点稍远一些再次单击，每次单击都会增加一些图案，结果如图 2-40 所示。

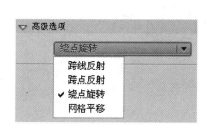 

图 2-39　对称刷子的高级选项　　　图 2-40　对称刷子填充

④ 拖动中心的圆圈可以整体移动填充图案，逆时针拖动短轴的圆圈，图案数量会减少；顺时针拖动短轴的圆圈，图案数量会增加；顺时针或逆时针拖动长轴的圆圈，图案会整体旋转，如图 2-41 所示。

图 2-41　拖动短轴和长轴的圆圈

2.2　选取对象工具

2.2.1　选择工具

选择工具在工具箱左上角，是黑色箭头，用于选取、复制和移动对象，还可以用来改变图形形状，拉长或缩短线条长度，改变线条角度等。

1．选取并移动图形的一部分

单击选择工具→用鼠标从图形外拖出一个方框并覆盖图形的一部分→拖动选中部分到其他位置，可以看到选中部分的区域和轮廓线一起被移动，如图 2-42 所示。

图 2-42　用选择工具选取并移动图形的一部分

2．选取并复制图形的一部分

单击选择工具→用鼠标从图形外拖出一个方框并覆盖图形的一部分→按住 Ctrl 键拖动选中的部分到其他位置，选中的部分就被复制了一份，如图 2-43 所示。

图 2-43　用选择工具选取并复制图形的一部分

3．选取并移动图形的填充部分

用选择工具单击图形的填充区域→向外拖动选中的部分，图形的填充区域被移出；如果选中图形的轮廓线，则轮廓线被移出，如图 2-44 所示。

4．选取并移动图形的部分边线

用选择工具单击矩形的一条边→将这条边线移开，如图 2-45 所示。

图 2-44　选取并移动图形的填充部分　　图 2-45　选取并移动图形的部分边线

5．改变线条形状

用线条工具画水平直线→单击选择工具→将光标移到线的端点→光标变为带有拐角线的黑箭头→拖动水平直线的端点，可随意改变直线角度和长短，如图 2-46 所示。

将光标移到线的内部→光标变为带有弧线的黑箭头→向上或向下拖动直线，释放鼠标后直线变为弧线，如图 2-47 所示。

6．改变图形的形状

用选择工具移到图形的边缘→当光标变为带有弧线的黑箭头时拖动图形边缘，释放鼠标后图形即被改变，如图 2-48 所示。

图 2-46　改变直线角度和长短　　图 2-47　将直线变为曲线　　图 2-48　改变图形的形状

7. 选取颜色相同的连续区域

用选择工具在图形区域单击,能将颜色相同的连续区域选中。常用此种方法制作特殊形状。

例 2-4　制作月牙

操作步骤如下:

① 新建文档→文档背景色选蓝色(♯0000FF)。

② 选取"椭圆工具"→定义填充颜色为黄色(♯FFFF00)→定义笔触颜色为无色→按住 Shift 键拖动鼠标在舞台中画正圆。

③ 定义填充颜色为红色(♯FF0000)→同样方法再画一个无轮廓线的圆。

④ 用选择工具将红色圆拖到黄色圆上→给黄色圆留下一点边缘→单击图形外任一处,此时两图形合为一体。

⑤ 用选择工具单击红色部分使红色圆被选中→按 Delete 键删除选中的区域,月牙制作完成。

过程图和最终效果如图 2-49 所示。

图 2-49　制作月牙

说明:如果使用椭圆工具时在选项区按下"对象绘制"按钮,则绘制的两个圆就不会合为一体,而是各自独立。

2.2.2　部分选取工具

部分选取工具是白色的箭头,它以贝赛尔曲线方式编辑图形。用部分选取工具单击图形边缘可使图形轮廓显示锚点,拖动一个锚点可改变图形形状,拖动轮廓线可移动图形,如图 2-50 所示。

图 2-50　拖动锚点改变图形形状

2.2.3 套索工具

套索工具用来选取不规则形状的区域。选取套索工具后鼠标是套索形状,拖动鼠标在图形中画出一个闭合区域,可选中闭合区域内部的图形,如图 2-51 所示。

套索工具的选项区提供 3 个选项:魔术棒、魔术棒设置、多边形模式。

① 魔术棒:单击对象可选取与单击处颜色相同或相似的区域(此功能只对分离后的位图填充有效)。

② 魔术棒设置:打开"魔术棒设置"对话框设置魔术棒相关参数,其中,"阈值"的数字越小,对颜色相近程度要求越高;"阈值"的数字越大,单击"魔术棒"以后所选的范围越大。"魔术棒设置"对话框如图 2-52 所示。

图 2-51 选取不规则形状的区域　　　　图 2-52 "魔术棒设置"对话框

③ 多边形模式:用不断单击的方法围成不规则区域。

2.3 编辑对象工具

2.3.1 墨水瓶工具

墨水瓶工具属于颜料桶工具组,用来更改轮廓线的颜色和样式,无论轮廓线是否处于选中状态,都可以用墨水瓶工具在线条上单击,使得轮廓线的颜色和笔触样式发生改变。

① 在舞台中画轮廓线为实线的圆→选取墨水瓶工具→在"属性"面板中设置笔触样式为"虚线"→在圆的轮廓线上单击,圆的轮廓线即被更改为虚线,如图 2-53 所示。

② 在舞台中画一个没有轮廓线的圆→选取墨水瓶工具→在"属性"面板中设置笔触样式为"虚线"→笔触大小为 4→笔触颜色为黑色(♯000000)→在圆的区域中单击,就会给圆添加轮廓线,如图 2-54 所示。

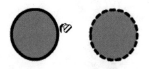

图 2-53 更改圆的轮廓线　　　　图 2-54 给圆添加轮廓线

2.3.2 颜料桶工具

颜料桶工具用来填充或更改区域颜色,不能更改线条颜色。

1. 设置空隙大小

颜料桶工具可以对具有 4 种空隙的封闭区域进行填充,选取颜料桶工具后在工具箱的选项中设置,如图 2-55 所示。

① 不封闭空隙,只有区域轮廓完全闭合时才能填充。
② 封闭小空隙,当区域轮廓有较小空隙时可以填充。
③ 封闭中等空隙,当区域轮廓存在中等空隙时可以填充。
④ 封闭大空隙,当区域轮廓存在较大空隙时可以填充。

说明:空隙大小是相对的,即使"封闭大空隙",轮廓空隙实际上也很小。

2. 单色填充

用铅笔工具画有小缺口的区域→选取颜料桶工具→设置填充色为绿色(♯00FF00)→设置空隙大小为"封闭大空隙"→在填充区域单击,完成单色填充,如图 2-56 所示。

图 2-55 设置空隙大小

图 2-56 单色填充

3. 渐变填充

用渐变填充可以使填充后的图形具有立体效果,比单色填充效果更丰富。渐变填充有线性和放射状两种填充类型,可在"颜色"面板中进行选择,如图 2-57 所示。

画一个无填充色的圆→选取颜料桶工具→选"线性渐变"→在圆区域从左向右划一下→再选"放射状渐变"→在圆区域从中心向边界划一下,圆的渐变填充效果对比如图 2-58 所示。

图 2-57 在"颜色"面板中选择填充类型　　图 2-58 线性渐变和放射状渐变的效果

4. 更换放射状渐变的亮点位置

对于放射状的渐变填充,颜料桶工具单击的位置就是放射状的中点心,只要更换单击的位置并拖动鼠标重新填充,即可更换放射状渐变中心点的位置,如图2-59所示。

5. 调整渐变颜色

选取"线性渐变"或"放射状渐变"以后,"颜色"面板下方有一排颜料桶,如图2-60所示。

图 2-59　更换放射状渐变的中心　　　　图 2-60　"颜色"面板下方有一排颜料桶

① 在一个颜料桶旁单击,可增加一个颜料桶。
② 将颜料桶拖到"颜色"面板外面,可将该颜料桶去除。
③ 双击一个颜料桶,在弹出的颜色样本中选择颜料,可更改颜料桶的颜色。
④ 适当移动颜料桶位置,可增加或减少该颜色在渐变中所占的比重。
⑤ 拖动颜料桶交换颜料桶位置,可更改该颜色在渐变中的配色顺序。

例 2-5　制作五角星

操作步骤如下:
① 用多角星形工具画一个五角星→笔触色为黑色→没有填充色。
② 选取线条工具→画 5 条角平分线。
③ 选取颜料桶工具→填充类型为"线性"渐变→在"颜色"面板中只留下两个颜料桶→左边颜料桶定义为灰色→右边颜料桶定义为红色。
④ 用颜料桶工具从中心向外划一下填充一个三角形区域→利用同样的方法间隔填充另外 5 个小区域→再用颜料桶工具从外向中心划一下填充剩余的 6 个小区域。
⑤ 选取选择工具→按住 Shift 键逐一单击轮廓线→按 Delete 键将所有轮廓线删除。

过程图和最终效果如图 2-61 所示。

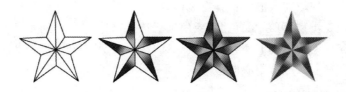

图 2-61　制作五角星

6. 位图填充

位图填充是将库里的一个位图填充到区域中。步骤如下:
① 选择"文件"→"导入"→"导入到库"菜单项,在"导入到库"对话框中选取位图文件→单击"打开"按钮。用这种方法导入位图到库中。
② 打开"颜色"面板→填充类型选择"位图","颜色"面板下方将显示所有导入的位图。
③ 画一个无填充色的矩形→选择颜料桶工具→在"颜色"面板中选择填充类型为"位图"→在矩形中单击,则选中的位图被填充到矩形中,如图2-62所示。

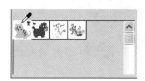 

图 2-62 位图填充

2.3.3 任意变形工具

任意变形工具的作用非常大,任何对象都可以用任意变形工具做缩放、旋转、倾斜等变形,通过这些变换制作出更多形状的对象。

任意变形的各种操作都有相对应的命令,选择"修改"→"变形"菜单项,在级联菜单中查看相关命令。

任意变形工具有 4 个选项:旋转与倾斜、缩放、扭曲、封套,如图 2-63 所示。

用任意变形工具单击对象,对象周围将显示调节框和调节柄。

图 2-63 任意变形工具的选项

① 单击"旋转与倾斜"按钮,转动调节框 4 个角的调节柄使对象旋转,拖动调节框边上的调节柄使对象倾斜。鼠标在边角调节柄处变为圆弧形,鼠标在边线调节柄处变为并排两箭头,如图 2-64 所示。

② 单击"缩放"按钮,拖动调节框边上的调节柄使对象沿横向或纵向进行放大或缩小,拖动调节框 4 个角的调节柄使对象在横向和纵向同时放大或缩小。

③ 单击"扭曲"按钮,拖动调节框边上的调节柄使对象放大或缩小,拖动调节框 4 个角的调节柄使对象扭曲,如图 2-65 所示。

图 2-64 旋转与倾斜 　　　　　　　图 2-65 图像扭曲

④ 单击"封套"按钮,对象周围将显示许多调节柄,拖动各个调节柄会使对象的变形更加多样。用封套工具将矩形变为六边形,如图 2-66 所示。

 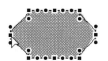

图 2-66 图形封套

说明:扭曲和封套只针对图形有效。

2.3.4 渐变变形工具

渐变变形工具在任意变形工具组中,用来对渐变填充和位图填充进行修改。

1. 修改位图填充

用填充变形工具单击位图填充区域,会显示位图调节器。

① 拖动调节器边框上带箭头的方形调节柄,可使位图在横向或纵向变大或缩小。
② 拖动调节器左下角的圆形调节柄,可使位图在横向和纵向同时变大或缩小。
③ 拖动调节器边框上的菱形调节柄,可使位图倾斜。
④ 转动调节器右上角的圆形调节柄,可使位图旋转。
⑤ 拖动调节器中心的圆形调节柄,可使位图整体移动。

位图的倾斜、旋转和移动如图 2-67 所示。

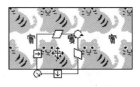

图 2-67 位图的倾斜、旋转和移动

2. 修改线性填充

用填充变形工具单击线性填充区域,会显示线性渐变调节器。

① 拖动调节器中心的圆形调节柄和调节器边框的方形调节柄,可更改线性渐变的颜色比例,如图 2-68 所示。
② 转动调节器右上角的圆形调节柄,可旋转线性渐变填充区域,如图 2-69 所示。

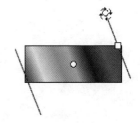

图 2-68 更改线性渐变的颜色比例　　　图 2-69 旋转线性渐变填充区域

3. 修改放射状填充

用填充变形工具单击放射状填充区域,会显示放射状渐变调节器。

① 拖动调节器中心的圆形调节柄,可改变放射状中心点位置。
② 拖动调节器边框的方形调节柄,可在水平或垂直方向改变亮点区域大小。
③ 拖动调节器边框中间的圆形调节柄,可缩小或扩大亮点区域。
④ 转动调节器边框下方的圆形调节柄,可改变放射状渐变的方向,如图 2-70 所示。

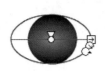

图 2-70　修改放射状填充

2.3.5　滴管工具

滴管工具能从已有的图形或字符中拾取颜色、图案、字符大小等属性,并将拾取的这些属性作为笔触色或填充色。

选取滴管工具以后鼠标将变为滴管形状,如果移动到图形中,鼠标会同时带有刷子或铅笔形状。当鼠标变为带刷子的滴管形状时,拾取的是填充色或填充样式;当鼠标变为带铅笔的滴管形状时,拾取的是笔触色。

1. 用滴管工具拾取颜色

用滴管工具拾取颜色的步骤如下:

① 选取椭圆工具→定义填充色为黄色、笔触色为红色→画一个圆。

② 选取滴管工具→在圆的内部单击,拾取的颜色为黄色。

③ 用滴管工具在圆的轮廓线处单击,拾取的颜色为红色,如图 2-71 所示。

2. 用滴管工具拾取样式

用滴管工具拾取样式的步骤如下:

① 画一个线性渐变填充的圆→画一个单色填充的矩形。

② 选取滴管工具→在渐变填充圆的内部单击,拾取渐变填充样式。

③ 选取颜料桶工具→在单色填充的矩形内部单击,矩形的单色填充变为渐变填充,如图 2-72 所示。

注意:选取颜料桶工具后,要解除选项中的"锁定填充",如图 2-73 所示。

图 2-71　用滴管工具拾取颜色　　　图 2-72　用滴管工具拾取样式　　　图 2-73　解除"锁定填充"

2.3.6　橡皮擦工具

橡皮擦工具用来快速擦除图形,可以用单击或通过拖动进行擦除。选取橡皮擦工具以后,工具箱提供 3 个选项:橡皮擦模式、水龙头、橡皮擦形状。其中,橡皮擦形状有方形和圆形 2 种,在橡皮擦形状选项中还可以选择橡皮擦的大小。

1. 橡皮擦模式

橡皮擦工具有 5 种擦除模式,如图 2-74 所示。

① 标准擦除：擦除同一层上的笔触和填充，是擦除的默认模式。

② 擦除填色：只擦除填充，不影响笔触。

③ 擦除线条：只擦除笔触，不影响填充。

④ 擦除所选填充：只擦除当前选定的填充，不管笔触是否被选中都不影响笔触。使用这种模式之前应先选择要擦除的填充区域。

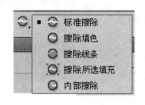

图 2-74 橡皮擦模式

⑤ 内部擦除：擦除封闭对象的内部。

2. 使用"水龙头"

"水龙头"可以快速擦除图形，使用"水龙头"的步骤如下：

① 画一个有轮廓和填充的矩形。

② 单击"水龙头"按钮使其处于按下状态，如图 2-75 所示。

③ 单击矩形的内部，快速擦除填充区域，如图 2-76 中的左图所示。

④ 单击矩形的轮廓线，快速擦除轮廓线，如图 2-76 中的右图所示。

图 2-75 单击"水龙头"按钮　　　图 2-76 使用"水龙头"擦除内部和轮廓线

2.3.7 3D旋转工具

3D 旋转工具是工具组，由 3D 旋转工具和 3D 平移工具组成，用来在三维空间中旋转和移动影片剪辑。使用 3D 平移工具和 3D 旋转工具沿着影片剪辑实例的 z 轴移动和旋转影片剪辑实例，可以产生影片剪辑实例的 3D 透视效果。

注意：3D 旋转工具只能在 Flash(ActionScript 3.0)模式下使用。

使用 3D 旋转工具的步骤如下：

① 在 Flash(ActionScript 3.0)模式下新建文件。

② 画一个有轮廓线的线性渐变填充矩形→写文字→将文字移到矩形上。

③ 拖动选择工具选取矩形和文字→右击选中的内容→在弹出的快捷菜单中选择"转换为元件"→在打开的窗口中为元件起名→元件类型选择"影片剪辑"→单击"确定"按钮。现在，选中的内容成为影片剪辑元件的实例。

④ 选取 3D 旋转工具→单击舞台中的元件实例→拖动外圈红线调整元件，释放鼠标以后将会看到元件发生三维变化。

过程图和结果如图 2-77 所示。

图 2-77 影片剪辑的三维变化

2.3.8 骨骼工具

骨骼工具可以将几个影片剪辑用"骨骼"串起来,适合制作机械运动或人走路等运动动画。用户必须建立 Flash(ActionScript 3.0)模式的文档,并将位图转换为影片剪辑,才可以使用骨骼工具。

使用骨骼工具的步骤如下:

① 在 Flash(ActionScript 3.0)模式下新建文件。

② 画 1 个椭圆和 3 个矩形→笔触色为无色→填充色为灰色(♯666666)→分别将各图形转换为影片剪辑元件→3 个矩形在圆的下方摆成"品"字形。

③ 单击骨骼工具→从圆向下方的矩形拖动鼠标,两元件之间被骨骼连在一起。

④ 从中间矩形向下方的两个矩形拖动鼠标,用骨骼建立了矩形之间的连接。

⑤ 用选择工具拖拉中间矩形的骨骼,其连接的两个矩形相应运动。

⑥ 用选择工具拖拉椭圆的骨骼,其下方的所有矩形都相应运动。

⑦ 用任意变形工具可以调节骨骼的中心。

建立骨骼和骨骼运动,如图 2-78 所示。

图 2-78 建立骨骼和骨骼运动

2.4 处理对象

2.4.1 对象的移动、复制和删除

对象的剪切、复制和删除是基本操作,首先选中对象,然后用多种方法实现。

1. 用快捷键

① 用 Ctrl+X 快捷键将选中的对象剪切到剪贴板→用 Ctrl+V 快捷键将选中的对象粘贴到舞台中心,完成对象的移动。

② 用 Ctrl+C 快捷键将选中的对象复制到剪贴板→用 Ctrl+V 快捷键将选中的对象粘贴到舞台中心,完成对象的复制。

③ 用 Delete 键删除选中的对象。

2. 用菜单

在"编辑"菜单中有"剪切"、"复制"、"粘贴到中心位置"等命令,如图 2-79 所示。

① 粘贴到中心位置:将对象粘贴到舞台中心,相当于 Ctrl+V 快捷键。

② 粘贴到当前位置:将对象按当前位置粘贴到新层中,使两层中的对象对齐。

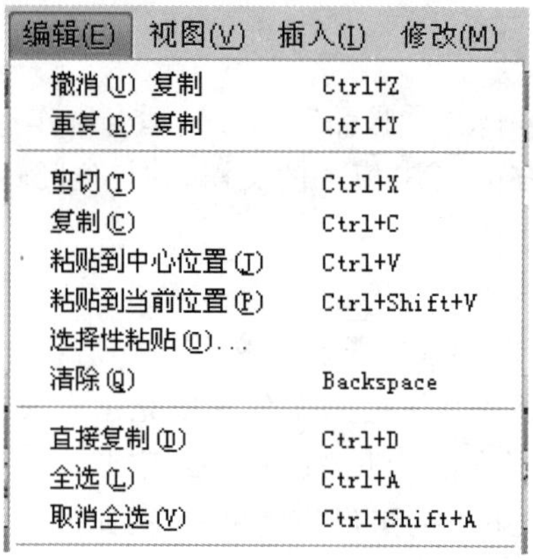

图 2-79 "编辑"菜单中的各种命令

③ 选择性粘贴:会显示一个对话框,提供几种粘贴格式,若选择"Flash 绘画",则粘贴后的对象仍可以作为 Flash 绘制的对象编辑;若选择"设备独立位图",则粘贴后的对象将是一个位图。"选择性粘贴"对话框如图 2-80 所示。

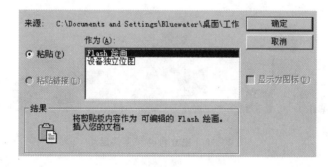

图 2-80 "选择性粘贴"对话框

④ 清除:具有删除对象的功能,选中对象后选择"清除",可删除选中的对象。

⑤ 直接复制:将选取的对象复制在对象所在位置,快捷键为 Ctrl+D。

⑥ 全选:一次选取当前层上所有对象。快捷键为 Ctrl+A。单击图层的名字也可以完成相同操作。

⑦ 取消全选:撤消"全选"操作,快捷键为 Ctrl+Shift+A。单击舞台中空白处也可以取消全选。

⑧ 撤消复制:撤消之前的复制操作,快捷键为 Ctrl+Z。这是个很有用的快捷键,不但能撤消复制,也能撤消其他操作。

3. 用鼠标

① 拖动对象→到达目标位置后释放鼠标,完成对象的移动。

② 按住 Alt 键拖动对象→到目标处先释放鼠标再释放 Alt 键,完成对象的复制。

③ 按住 Shift 键拖动对象,对象将沿水平、垂直或 45°倍数角度移动。

④ 同时按住 Alt 键和 Shift 键,然后拖动对象,对象将沿水平、垂直或 45°倍数角度复制。

4. 用方向键移动对象

每按一次方向键,选中的对象会沿相应方向移动 1 个像素,按住 Shift 键后再按方向键,选中的对象会沿相应方向移动 8 个像素。

2.4.2 对象的导入

"导入"功能可以将图像、SWF 文件、音频文件或视频文件等素材导入到库中,图像和 SWF 文件也可导入到舞台,而且导入到舞台的对象会同时导入到库中。

选择"文件"→"导入"菜单项,显示"导入"命令的级联菜单,如图 2-81 所示。

图 2-81 "导入"命令的级联菜单

1. 导入到舞台

选择"文件"→"导入"→"导入到舞台"菜单项,在"导入"对话框中选择文件→单击"打开"按钮,导入的文件会同时出现在舞台和库中。

2. 导入到库

选择"文件"→"导入"→"导入到库"菜单项,在"导入"对话框中选择文件→单击"打开"按钮,导入的文件出现在库中。

说明:如果导入的 GIF 文件是包含多张图的动画,则库里同时出现多张图片。

3. 打开外部库

选择"文件"→"导入"→"打开外部库"菜单项,系统会用导入的 Flash 文档名作为库名生成一个外部库,而导入的文档则作为该库中的元件。用这种方法可以增加当前文档能够使用的元件。

2.4.3 精确改变对象形状

对于比较精确的变形,必须用菜单或面板完成。例如:使对象旋转或倾斜 30°,这种精确的变形用鼠标完成是有难度的。

1. 用"变形"面板精确改变对象形状

选择"窗口"→"变形"菜单项,打开"变形"面板,如图 2-82 所示。

① 横向拉伸项 后面的数字代表对象横向变化后与变化前的百分比。若数字为 80%,则说明对象变形后的横向宽度是原来横向宽度的 80%。

② 纵向拉伸项 后面的数字代表对象纵向变化后与变化前的百分比。

图 2-82 "变形"面板

③ "旋转"单选按钮下方的数字代表对象旋转的角度。

④ "倾斜"单选按钮下方的数字代表对象左右方向的倾斜度和上下方向的倾斜度。

⑤ 单击窗口下方的"重制选区和变形"按钮 ，将已变形的对象或选区内容按变形后的样子进行复制。

⑥ 单击窗口下方的"取消变形"按钮 ，变形后的对象将恢复到变形前的初始状态。

2. 用"属性"面板精确设置对象位置和显示尺寸

"属性"面板显示当前对象的位置和当前对象的显示尺寸。坐标原点为舞台左上角。在 x 和 y 文本框中输入新的值，对象会移动到新位置。在"宽"和"高"文本框中输入新的值，对象会用新的宽和高尺寸显示。

例 2-6　制作花朵

操作步骤如下：

① 用椭圆工具画一个椭圆→笔触色为"无色"→填充色为"线性渐变"。

② 选择"窗口"→"变形"菜单项，打开"变形"面板。

③ 用选择工具选取椭圆→用 Ctrl+C 快捷键复制→用 Ctrl+Shift+V 快捷键粘贴椭圆到当前位置→在"变形"面板的"旋转"文本框中输入"45"，舞台中将产生一个顺时针旋转 45°的椭圆。

④ 将新产生的椭圆移到相应位置。

⑤ 用同样的方法再复制 6 个对象，"旋转"文本框中分别输入"90"、"135"、"180"、"225"、"270"、"315"，将新产生的椭圆移到相应位置。

⑥ 分别选中每个椭圆→用方向键微调，得到"花朵"图形。

过程图和制作结果如图 2-83 所示。

图 2-83　制作花朵

2.4.4　对齐对象

对齐对象的常用操作有：使对象在舞台居中、使多个对象左对齐或右对齐、使多个对象大小相同、使多个对象水平间距或垂直间距相同等。除了用"对齐"面板外，还可以用菜单的命令来实现。选择"修改"→"对齐"菜单项，显示"对齐"子菜单，如图 2-84 所示。

操作方法如下：

在舞台中画 3 个大小不同的矩形→选取所有矩形，选择"修改"→"对齐"→"左对齐"菜单项，或者单击"对齐"面板中的"左对齐"按钮，3 个矩形以最左边矩形的左边界为参照值左对齐，如图 2-85 所示。

图 2-84 "对齐"子菜单   图 2-85 多个对象左对齐

2.4.5 使多个对象大小相同

操作方法如下：

选取舞台中 3 个大小不同的矩形,选择"修改"→"对齐"→"相同宽度"菜单项,3 个矩形以最宽的矩形为参照值变为同宽。利用同样的方法选择"相同高度",3 个矩形以最高的矩形为参照值变为同高;或者单击"对齐"面板中的"匹配宽度"和"匹配高度"按钮,如图 2-86 所示。

图 2-86 使多个对象大小相同

2.4.6 组合对象

"组合"命令用来固定多个对象的相对位置,一个组合内可以有多种对象类型,组合后的多个对象被看成一个整体,作为一个独立的操作对象进行移动、缩放等操作,还可以作为动画对象。

操作方法如下：

① 在舞台中画一个圆形和一个矩形→同时选取两个对象,选择"修改"→"组合"菜单项,两个对象组合成为一个整体。

② 单击任意变形工具→做旋转操作,组合后的对象作为一个整体被旋转,对象的相对位置不变,如图 2-87 所示。

图 2-87 组合对象

③ 选中组合对象,选择"修改"→"取消组合"菜单项,即可取消对象的组合关系。

2.4.7 叠放对象

当舞台中的对象叠放在一起时,如果都是普通图形且未组合,那么它们会融合成为一个对象;如果叠放的对象是组合或元件的实例,就不会彼此融合。叠放对象操作主要用来定义相互独立的几个对象叠放在一起时的排列次序。

选择"修改"→"排列"菜单项,显示"排列"子菜单,如图 2-88 所示。

操作方法如下:

① 在舞台中画矩形→选取矩形,选择"修改"→"组合"菜单项,将矩形变成组合对象。

② 利用同样的方法画三角形和圆形,都单独组合。

③ 拖动 3 个对象叠放在一起,它们默认按照制作先后的顺序自下而上放置,圆形在最上面,矩形在最下面,如图 2-89 中的左图所示。

④ 选取圆形,选择"修改"→"排列"→"移至底层"菜单项,圆形被移到最下面,如图 2-89 中的右图所示。

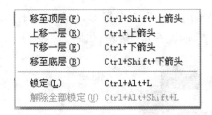

图 2-88 "排列"子菜单

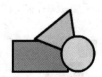 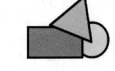

图 2-89 叠放对象

2.5 处理位图

要在 Flash 中使用位图,首先要导入位图,然后才能使用。导入到库里的位图可以直接使用,或者编辑处理以后使用,还可以将位图转换为元件或转换为矢量图后使用。

2.5.1 分离位图

要想编辑处理位图,必须先分离位图,使其变为普通图形,再进行编辑处理。选择"修改"→"分离"菜单项可以将选中的位图分离。

判断图形是否为位图可以用橡皮擦工具试一下,不能用橡皮擦工具擦除的是位图,能用橡皮擦工具擦除的是普通图形,而且普通图形被选中以后图形上会显示密集的网点。

2.5.2 将位图转换为元件

将位图转换为元件可以用以下两种方法:

① 将 GIF 格式的动画位图导入库中,系统会自动将其转换为影片剪辑元件。

② 将导入库中的位图拖到舞台中→右击位图→在弹出的快捷菜单中选择"转换为元件"→给元件起名→元件类型可以选择"影片剪辑"或"图形"。

用位图转换的元件,使用时仍然依赖于位图本身,一旦删除库中的位图,元件中的位图图像也会随之消失。

2.5.3 将位图转换为矢量图

位图通常比矢量图大很多,将位图转换为矢量图,既可以得到与位图图像基本保持一致的矢量图,又能减小文件的大小,而且由位图转换而来的矢量图与位图本身不再有关系,删除库中的位图不会影响相对应的矢量图。

操作方法如下:

选取舞台中的位图,选择"修改"→"位图"→"转换位图为矢量图"菜单项,在打开的对话框中设置参数→单击"确定"按钮,各参数说明如下。

① 颜色阈值,指位图中相邻两个像素颜色值的差,可以是 0~500 之间的整数,输入的数值越小,转换后的颜色越多,越接近于原来的位图,但转换的速度相应慢一些。

② 最小区域,指定像素颜色时考虑周围像素的数量,可以是 1~1 000 之间的整数,数值越小矢量图像效果越清晰,但转换的速度越慢。

③ 曲线拟合,用来确定图像轮廓的平滑程度,可在其下拉列表框中选一个选项。

④ 角阈值,用来确定保留锐角还是做平滑处理。

2.6 上机实验 制作图像

2.6.1 实验 1——分图层画图

1. 实验目的

通过本实验,使学生进一步了解图层的含义,在不同的图层制作不同的图案,最后各图案合成为一幅画面。本实验的合成图案效果如图 2-90 所示。

图 2-90 合成图案效果

通过本实验要求学生掌握以下内容:
① 图层的使用方法。
② 常用工具的使用方法。
③ 常用命令的使用方法。
④ 对象的制作、编辑、旋转、缩放、组合等操作方法。

2. 具体要求

① 建立 6 个图层,从下到上依次命名为:背景、山、太阳、鸟、树、云。
② 在每个图层制作相应对象,用复制、粘贴的方法制作相同图形。
③ 将相关各元素组合在一起,便于进行整体缩放、旋转、移动等操作。
④ 调整各图层对象的位置,实现整体效果。

3. 操作步骤

步骤 1:创建文档

新建名为"实验 2-1.fla"的 Flash 文档。

步骤2：建立图层

在时间轴的图层操作区双击文字"图层1"→输入新的图层名"背景"→新建图层→双击图层名→将名字改为"山"→利用同样的方法依次建立其他图层：太阳、鸟、树、云。图层窗口如图2-91所示。

步骤3：制作"背景"层

单击"背景"层使其成为当前图层→画线性渐变填充的矩形→从浅蓝色（♯00FFFF）到蓝色（♯0000FF）→调整矩形覆盖舞台→单击"锁定"按钮锁定该图层。

步骤4：制作"山"层

单击"山"层使其成为当前图层→用钢笔工具画闭合路径→定义填充色为土黄色（♯996600）→用颜料桶工具填充画出的区域→用选择工具调整"山"的形状→单击"锁定"按钮锁定该图层。图案效果如图2-92所示。

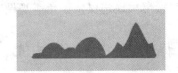

图2-91　图层窗口（实验1）　　　图2-92　制作"山"层的图案效果

步骤5：制作"太阳"层

单击"太阳"层使其成为当前图层→定义填充色为红色→笔触色为无色→按住Shift键用椭圆工具画一个正圆→用自由变形工具调整圆的大小→锁定图层。

步骤6：制作"鸟"层

① 单击"鸟"层使其成为当前图层。

② 定义笔触色为黑色→用钢笔工具绘出鸟形状的闭合路径→用颜料桶工具填充白色→用选择工具选取笔触和填充所有部分，选择"修改"→"组合"菜单项，即可完成一只"鸟"的制作。

③ 用选择工具选取"鸟"的组合，选择"修改"→"变形"→"缩放和旋转"菜单项，在对话框中的"旋转"文本框中输入"10"→单击"确定"按钮。此时使"鸟"顺时针旋转了10°。

④ 选取"鸟"对象→用Ctrl＋C快捷键复制→用Ctrl＋V快捷键粘贴3次，现在舞台中共有4只"鸟"。

⑤ 选中一只"鸟"→用"缩放和旋转"命令将其缩放70％→用同样的方法将另外两只"鸟"分别缩放80％和90％→将4只"鸟"从小到大斜着排好→锁定图层。4只"鸟"的图案效果如图2-93所示。

步骤7：制作"树"层

① 单击"树"层使其成为当前图层。

② 定义填充色为绿色→定义笔触色为无色→用椭圆工具画椭圆→用选择工具调整椭圆

形状→使椭圆上端变尖底部变宽。

③ 画一个白色细长椭圆→将白色椭圆移到绿色椭圆内部的下方,即可完成树的形状。

④ 定义填充色为绿色→用刷子工具在"树"的下方画"草地"→选取所有元素,选择"修改"→"组合"菜单项,即可完成一个"树"对象。

⑤ 用复制、粘贴方法再生成两个"树"对象→分别缩小一点儿→将 3 个"树"对象放在一起→锁定图层。3 棵"树"的图案效果如图 2-94 所示。

图 2-93 制作"鸟"层的图案效果

图 2-94 制作"树"层的图案效果

步骤 8:制作"云"层

① 单击"云"层使其成为当前图层。

② 选取铅笔工具→在"属性"面板中定义笔触色为蓝色→笔触大小为 4→画"云"的形状→用颜料桶填充白色→将所有元素组合在一起,即可完成一个"云"对象。

③ 复制一个"云"对象→缩小一点儿→两个"云"对象放在一起,图案效果如图 2-95 所示。

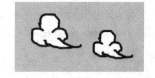

图 2-95 制作"云"层的图案效果

步骤 9:将所有对象拼合在一起

解锁所有图层→移动各图层中的对象到合适的位置,此时可以发现,上方图层的对象会遮盖下方图层对象的重叠部分。

4. 小 结

① 组成一个对象的多个元素可以通过组合成为一个整体来实现,而且多个组合还可以再组合成为更大的整体。

② 不同的对象放在不同的图层上,便于修改和编辑。最好给每个图层都起一个有实际意义的名称,便于编辑。

2.6.2 实验 2——分区域给图像上色

1. 实验目的

通过实验,使学生掌握在一个画面中绘制图像轮廓,然后分别给图像各部分上色的绘图方法。本实验的效果图如图 2-96 所示。

2. 具体要求

① 用线条、钢笔、铅笔工具绘制出图像大体轮廓。

② 给图像的各部分上色。

③ 删除轮廓线,对图像做局部修饰。

3. 操作步骤

① 新建名为"实验2-2.fla"的 Flash 文档→用线条、钢笔、铅笔工具绘制出图像轮廓,如图2-97所示。

图 2-96　给图像上色　　　　　　　　　图 2-97　绘制图像轮廓

② 选取颜料桶工具→填充样式为"线性渐变"→打开"颜色"面板→左边的颜色盒为深蓝(♯6674E6)→右边的颜料盒为浅蓝(♯66FFFF)→从左向右拖动鼠标给"天空"填充颜色。

③ 选取颜料桶工具→填充样式为"线性渐变"→在"颜色"面板中定义左、右颜色盒分别为蓝色(♯3399FF)和白色→拖动鼠标给"白云"填充颜色。

④ 填充样式为"纯色"→用颜料桶工具从里向外填充"太阳"对象的3个封闭区域,里面圆形区域的颜色为橘黄色(♯FF9966),中间环绕区域的颜色为淡土黄色(♯FFCC66),外圈环绕区域的颜色为淡黄色(♯FFFF99)。

⑤ 填充样式为"纯色"→用浅黄绿色(♯99CC00)填充"树丛"的外层→用深黄绿色(♯669933)填充"树丛"的里层。

⑥ 填充样式为"纯色"→用浅黄绿色(♯99CC00)和浅绿色(♯99FF99)填充"草地"→"草地"上方土地的填充色为土黄色(♯FF9933)。

⑦ 给"屋顶"画出一块区域→左边的填充色为紫色(♯990099)→右边的填充色为淡紫色(♯FF66CC)→"墙"的填充色从左到右为土黄色(♯EDA111)和黄色(♯FFFF00)。

⑧ 可随意给"小花"上色→用刷子工具在图像上增加一点儿效果→删除轮廓线。

4. 小　结

面对一幅图像的轮廓,如何着色有很多种方法,以上只给出了一种图像上色的方法。轮廓样图可在本书配套资料中获取,实验中可以自由发挥。

思考题与上机练习题二

1. 思考题

(1) Flash 的文本类型有哪几种?

(2) 选择工具与部分选取工具从形状上看有什么不同?

(3) 如果移动一个组合,组合里对象的相对位置是否会改变?

(4) 位图转换成元件以后,库里仍然要保留位图,为什么?

(5) 将位图转换为矢量图,矢量图还依赖位图吗?

2. 上机练习题

(1) 画一个陶罐图案(参考本书配套资料中的学生习作)。

(2) 画一个雨伞图案(参考本书配套资料中的学生习作)。

(3) 将一个位图导入库中,然后分离位图,将位图转换为矢量图。

(4) 将两个矩形组合在一起,进行缩放、旋转、扭曲和复制操作,然后取消组合。

(5) 绘制表情,样图如图 2-98 所示。

图 2-98 绘制表情

第 3 章　制作基础动画

第3章程序

本章介绍的基础动画包括：帧-帧动画、补间形状、传统补间和补间动画，同时还介绍了帧和图层的操作方法。

3.1　帧的操作

3.1.1　计算机动画原理

计算机动画是由多幅连续有序的静止画面构成的。首先绘出关键画面，然后关键画面之间的过渡画面由计算机来完成。计算机播放动画的过程实际上就是一幅幅画面产生和刷新的过程，通过一定速度的连续播放就产生了动画。网上动画的播放速度通常为 12 帧/秒。

3.1.2　认识帧

帧是 Flash 动画的基本组成元素，是装载 Flash 作品内容、进行动画播放的基本单位。时间轴上的一个格称为一帧，一帧代表 Flash 影片中的一个画面。单击一个帧或把播放头拖动到该帧，舞台中就会显示该帧的内容。舞台总是显示当前帧的内容。

根据性质的不同，帧被分为关键帧、空白关键帧、补间等类型。

1. 关键帧

关键帧是一个对动画内容的改变起决定作用的帧，时间轴上的关键帧标有黑色圆点。创作动画时只需制作几个关键帧，而关键帧之间的画面由计算机根据关键帧的信息自动计算生成。只有定义了关键帧才能产生动画的每一个图像。

Flash 只记录关键帧的信息。

2. 空白关键帧

空白关键帧是没有内容的关键帧，通常用来表现动画的闪烁和场景切换。如果给空白关键帧赋予内容，那么它就会转变为关键帧。时间轴上的空白关键帧标有空心圆点。

3. 补　间

补间是介于两个关键帧之间起过渡作用的帧。补间的画面由计算机计算生成，其作用是平滑地连接关键帧。补间无须编辑，Flash 不记录补间的信息。

Flash 为两个关键帧之间的补间提供 3 种类型：补间动画、补间形状和传统补间。其中，传统补间对应于早期版本的动作补间，补间形状对应于早期版本的形状补间。

4. 普通帧

普通帧用来继承和延伸前一个关键帧的画面，直到下一个关键帧开始。关键帧后面的普通帧越多，该关键帧画面的播放时间就会越长。通常用添加普通帧的方法来延长画面的显示时间。

5. 帧的显示状态

时间轴上的帧有不同的显示状态,通过帧的显示情况可以判断出动画类型和动画中存在的问题。

① 关键帧上有黑色圆点。
② 空白关键帧上有空心圆点。
③ 关键帧上如果有小写字母 a,则说明该帧包含动作脚本。
④ 关键帧上如果有小旗,则说明该帧包含标签,小旗后面是标签名称。
⑤ 帧格如果有淡绿色背景并有指示箭头,则说明该帧是补间形状。
⑥ 帧格如果有淡蓝色背景并有指示箭头,则说明该帧是传统补间。
⑦ 帧格仅有淡蓝色背景而没有指示箭头,说明该帧是补间动画。
⑧ 帧格中有虚线,说明动画补间未实现。
⑨ 帧格中有空心方块,说明该帧格是一个动画片段的最后帧格。

帧的各种状态如图 3-1 所示。

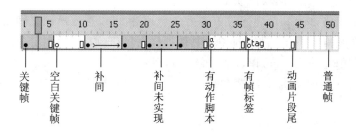

图 3-1 帧的各种状态

3.1.3 帧的操作

在制作 Flash 动画的过程中,有相当一部分操作是针对帧的操作。

1. 帧操作的快捷菜单

对帧进行操作最快捷的方式是使用快捷菜单。右击帧格,在弹出的快捷菜单中选择操作命令。帧操作的快捷菜单如图 3-2 所示。

用菜单也可以完成有关帧的操作,在"插入"菜单的"时间轴"子菜单中有建立帧的命令,在"修改"菜单的"时间轴"子菜单中有编辑帧的命令。

2. 创建关键帧

采用以下 3 种方法可以在指定帧格处插入关键帧。

① 右击帧格→在弹出的快捷菜单中选择"插入关键帧"。
② 单击帧格,选择"插入"→"时间轴"→"关键帧"菜单项。
③ 单击帧格→按 F6 键。

图 3-2 帧操作的快捷菜单

3. 创建空白关键帧

采用以下3种方法可以在指定帧格处插入空白关键帧。

① 右击帧格→在弹出的快捷菜单中选择"插入空白关键帧"。

② 单击帧格,选择"插入"→"时间轴"→"空白关键帧"菜单项。

③ 单击帧格→按F7键。

4. 插入帧

采用以下3种方法可以插入帧。

① 右击帧格→在弹出的快捷菜单中选择"插入帧"。

② 单击帧格,选择"插入"→"时间轴"→"帧"菜单项。

③ 单击帧格→按F5键。

5. 选取帧

选取帧可以用以下几种方法,被选中的帧格有黑色背景。

① 单击一个帧格,可以选取该帧格。

② 单击一个帧格,按Shift键同时单击另一个帧格,可以选取两帧之间的连续帧格。

③ 单击一个帧格,按Ctrl键同时单击其他帧格,可以选取不连续的若干帧格。

④ 在时间轴中拖动鼠标,可以选取连续的帧格。

⑤ 右击帧格→在弹出的快捷菜单中选择"选择所有帧",可以选取从开始到结束的所有帧。

6. 删除帧

采用以下3种方法可以删除帧。

① 选取要删除的帧→右击选取的帧→在弹出的快捷菜单中选择"删除帧"。

② 选取要删除的帧,选择"编辑"→"时间轴"→"删除帧"菜单项。

③ 选取要删除的帧→按Shift+F5快捷键。

7. 移动帧

采用以下3种方法可以移动帧。

① 选取要移动的帧→用鼠标将帧拖到目标位置。

② 右击选取的帧→在弹出的快捷菜单中选择"剪切帧"→右击目标帧格→在弹出的快捷菜单中选择"粘贴帧"。

③ 选取要移动的帧,选择"编辑"→"时间轴"→"剪切帧"菜单项(或按Ctrl+Alt+X快捷键),单击目标帧格,选择"编辑"→"时间轴"→"粘贴帧"菜单项(或铵Ctrl+Alt+V快捷键)。

8. 翻转帧

翻转帧可以采用以下方法。

① 右击选取的帧→在弹出的快捷菜单中选择"翻转帧",所选帧的顺序被整体调换位置,第一帧变为最后一帧。

② 选取要翻转的帧,选择"修改"→"时间轴"→"翻转帧"菜单项。

9. 清除帧

清除帧可以采用以下方法。

① 右击选取的帧→在弹出的快捷菜单中选择"清除帧",帧画面被清除。

② 选取要清除的帧,选择"编辑"→"时间轴"→"清除帧"菜单项。

说明:清除帧与删除帧有所不同,清除帧以后所占的帧格不变,删除帧以后将同时释放所占的帧格。

10. 给帧加标签

帧标签用来标识时间轴中的关键帧,如果跳转到某关键帧使用的是帧标签而不是帧序号,就不用担心因帧位置的改变而影响跳转结果了。

给关键帧加标签的方法如下:

① 选取一个关键帧→在"属性"面板的"名称"文本框中输入标签名→在"类型"下拉列表框中选择"名称",如图3-3所示。

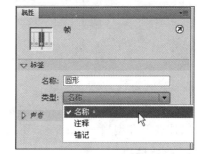

图3-3 使用"属性"面板给关键帧加标签

② 加了标签的关键帧显示小红旗和标签名,如图3-4所示。

图3-4 加了标签的关键帧

说明:在"属性"面板的"名称"文本框中删除标签名后,关键帧的标签随之消失。

3.1.4 使用绘图纸

绘图纸也称洋葱皮,是时间轴窗口的一组按钮  ,从左到右依次为:绘图纸外观、绘图纸边框、编辑多个帧、修改标记。使用绘图纸可以在编辑后面关键帧内容时看到前面关键帧的内容,以便对齐各关键帧中的对象,或处理各关键帧中对象的位置关系。

绘图纸的使用方法如下。

1. 绘图纸外观

在第1帧中画矩形→在第20帧处插入空白关键帧→单击"绘图纸外观"按钮(可以看到第1帧中的矩形)→在矩形区域范围内画椭圆,如图3-5所示。

2. 绘图纸边框

"绘图纸边框"按钮与"绘图纸外观"按钮作用相似,不同之处在于:单击"绘图纸边框"按钮以后,后面关键帧看到的是前面关键帧对象的轮廓线。

3. 编辑多个帧

① 在第1帧中画矩形→在第10帧处插入空白关键帧→画三角形→在第20帧处插入空白关键帧→画圆形。

② 单击"编辑多个帧"按钮→单击第20帧→将绘图纸的前括号拖动到第1帧。这样扩大

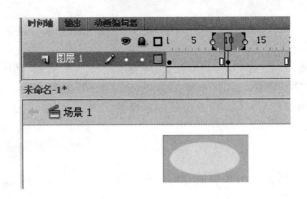

图 3-5 绘图纸外观

绘图纸的作用范围以后,在第 20 帧就能看到前面两个关键帧的内容,并且所有关键帧的内容都可以被选取和编辑,如图 3-6 所示。

4. 修改标记

单击"修改标记"按钮,会显示关于绘图纸的下拉菜单,可以在此设置绘图纸括号的位置。"修改标记"菜单如图 3-7 所示。

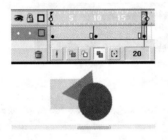

图 3-6 编辑多个帧

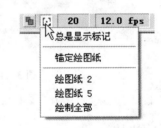

图 3-7 "修改标记"菜单

绘图纸括号的位置如下:
① 选择"绘制全部",绘图纸的括号会把全部帧格包含在内。
② 选择"绘图纸 5",绘图纸的括号将以播放头为中心前后各包含 5 个帧格。
③ 选择"绘图纸 2",绘图纸的括号将以播放头为中心前后各包含两个帧格。

3.2 图层的操作

3.2.1 认识图层

1. 图层的概念

图层就像若干透明的薄片叠放在一起,各层中的帧相互独立,每个图层都有独立的动画对象和动画片段,最终的动画效果由多个图层的动画效果叠加而成。所以,图层是制作动画的重要手段。

设置动画都是针对图层而言的,制作时一个图层通常只放一个动画对象。

2. 图层的特点

① 图层相对独立，各个层的对象互不影响，可以独立地控制各层对象的运动。

② 增加图层不会增加最终影片文件的大小。

③ 不同图层的对象叠放在一起时，位于上层的对象会遮挡下层对象的重叠部分。

3. 图层的类型

Flash 图层有 4 种类型：普通图层、引导层、传统运动引导层和遮罩层，图层比较多时可以建立图层文件夹来管理图层。图层窗口如图 3-8 所示。

普通图层用来绘制和编辑对象，创建一般性动画。引导层用来给被引导层的对象定位。传统运动引导层用来绘制移动路径，使被引导层中的对象沿绘制的路径移动。遮罩层用来控制被遮罩层内容的显示。

图 3-8　图层窗口

4. 图层窗口的按钮

图层窗口左下方有 3 个按钮，从左到右依次为：新建图层、新建文件夹、删除。图层窗口右上方有 3 个按钮，从左到右依次为：显示或隐藏所有图层、锁定或解除锁定所有图层、将所有图层显示为轮廓。单击图层行里的圆点，执行圆点上方对应按钮的操作，显示或隐藏当前图层、锁定或解除锁定当前图层。

3.2.2　关于图层的操作

1. 新建图层

新建图层的方法有如下几种：

① 新建的 Flash 文档会自动创建名为"图层 1"的图层。

② 选择"插入"→"时间轴"→"图层"菜单项，在当前图层的上方新建一个图层。

③ 单击图层窗口的"新建图层"按钮，在当前层上方新建一个图层。

④ 右击一个图层→在弹出的快捷菜单中选择"插入图层"，在当前层上方新建一个图层。

新建的图层总是处于当前状态，当前图层有铅笔图标。

2. 命名图层

默认情况下，新图层按照它们的创建顺序命名，从下往上依次为图层 1、图层 2、……双击图层名以后输入新的图层名，按 Enter 键完成图层的重命名。

制作动画时，最好给每个图层起一个与该层内容相对应的名称，以方便图层的选择。

3. 选取图层

单击一个图层即选中了该图层，按住 Shift 键依次单击图层，可同时选中相连的几个图层；按住 Ctrl 键依次单击图层，可同时选中不相连的几个图层。

4. 调整图层顺序

用鼠标拖动图层向上或向下移动，到达目标位置后释放鼠标，完成图层顺序的调整。

5. 删除图层

删除图层的方法有如下几种：

① 选取一个或多个层→单击图层窗口的"删除图层"按钮。
② 右击选中的图层→在弹出的快捷菜单中选择"删除图层"。

说明：图层窗口至少保留一个图层。

6. 复制图层中的帧

单击一个图层（该层中的帧全部被选中）→右击选中的帧格→在弹出的快捷菜单中选择"复制帧"→创建新层→右击新层第1帧→在弹出的快捷菜单中选择"粘贴帧"。

3.2.3 图层的状态

1. 图层的隐藏与解除隐藏

① 单击图层窗口右上方的"眼睛"图标，隐藏所有图层和文件夹的内容（编辑窗口什么都不显示）；再次单击"眼睛"图标，使隐藏的内容显示出来。
② 单击图层或图层文件夹右侧"眼睛"列的圆点，隐藏该图层或文件夹的内容；再次单击它可以取消隐藏。

说明：被隐藏的层或文件夹名称旁边会有"×"号，表示该层的内容是隐藏状态。被隐藏图层的内容不能编辑，但能在测试影片中看到。

2. 图层的锁定与解除锁定

锁定图层操作与隐藏图层操作类似，只是将"眼睛"图标换成"锁头"图标。被锁定的层或文件夹名称旁边会有一把小锁，表示该层的内容不能编辑，但能看到。再次做相同的操作即可解除锁定。

3. 轮廓模式

图层图标最右边有一个小方块，单击该小方块，则图层处于轮廓模式，此时该图层上的对象仅显示轮廓，轮廓颜色与小方块颜色一致；再次单击小方块，则取消轮廓模式。

为了区分对象所属的图层，各图层的彩色小方块颜色不同。双击一个彩色方块，可以在打开的对话框中更改轮廓颜色。

3.2.4 文件夹图层

文件夹图层用来组织图层。把图层放在一个树形结构中，有助于组织工作流。文件夹中可以包含层，也可以包含其他文件夹。

操作文件夹图层的方法与操作图层基本相同，新建一个文件夹图层后，把其他图层拖动到文件夹图层上，即成为包含在该文件夹里的图层。

锁定或隐藏一个文件夹图层将影响该文件夹中的所有图层。

单击文件夹名称左边的三角箭头，可以展开或折叠文件夹。三角箭头向下是展开文件夹，此时可看到该文件夹中包含的图层；三角箭头向上是折叠文件夹，折叠文件夹不会影响文件夹中图层内容的显示。

3.2.5 设置图层属性

选取一个图层，选择"修改"→"时间轴"→"图层属性"菜单项，或右击一个图层→在弹出的快捷菜单中选择"属性"，可以打开"图层属性"对话框，在该对话框中可以查看和修改当前图层的属性,如图 3-9 所示。

图 3-9 "图层属性"对话框

① 在"名称"文本框里显示或更改当前图层的名称。

② 选中"显示"复选框,图层里的内容将显示在舞台中;取消选中该复选框,图层里的内容被隐藏。

③ 选中"锁定"复选框,图层里的内容将不能被编辑;取消选中该复选框,图层里的内容可编辑。

④ 在"类型"选项组中可以显示和更改图层类型,如遮罩层和引导层。

⑤ 单击"轮廓颜色"按钮,可以设置该图层内容的轮廓颜色。

⑥ 选中"将图层视为轮廓"复选框,图层里的内容将显示为轮廓。

⑦ "图层高度"共有 3 个值:100%、200% 和 300%,默认"图层高度"为 100%。

3.3 帧-帧动画

3.3.1 认识帧-帧动画

帧-帧动画是只有关键帧没有补间的动画,手绘动画就是采用这种方法制作。帧-帧动画的优点是能自由地制作动画片段,缺点是制作过程非常麻烦,如果动画的每个帧都是关键帧,而动画播放速率是 12 帧/秒,则 1 秒的动画片段需要绘制 12 个画面。另外,Flash 只记录关键帧信息,关键帧越多,生成的文件就会越大。

帧-帧动画不要求所有帧都是关键帧,有些关键帧之间会插入几个普通帧,用来延长关键帧内容的显示时间。帧-帧动画的时间轴如图 3-10 所示。

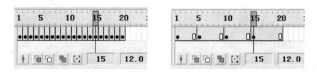

图 3-10 帧-帧动画的时间轴

3.3.2 制作帧-帧动画

制作帧-帧动画的方法如下：
① 制作第一个关键帧的内容。
② 制作下一个关键帧的内容。
③ 同样方法继续添加关键帧并制作关键帧的内容，直到完成动画制作。
④ 选择"控制"→"测试影片"菜单项，或选择"控制"→"播放"菜单项，观看动画效果。

3.3.3 帧-帧动画实例

下面用几个实例来了解帧-帧动画的制作过程。

例 3-1 霓虹灯字

动画播放时，分别用红、绿、蓝 3 种颜色显示"欢迎光临！"，并有闪烁效果。

操作步骤如下：
① 新建文档，选择"修改"→"文档"菜单项，定义文档的宽和高分别为 255 像素和 55 像素（全书中的界面中未标单位的尺寸均以像素为单位）。
② 选择文本工具→在"属性"面板中设置字颜色为红色→字大小为 50 点→字体为"隶书"→在舞台中输入文字"欢迎光临！"。
③ 在第 12 帧插入关键帧→用选择工具选中舞台中的文字→在"属性"面板中将字的颜色改为绿色。
④ 在第 24 帧插入关键帧→用同样的方法将字的颜色改为蓝色。
⑤ 在第 36 帧插入帧，延长显示前面相邻关键帧的文字。
⑥ 用 F7 键在每两个关键帧之间插入空白关键帧，制作出闪烁效果。
⑦ 选择"控制"→"测试影片"菜单项。

程序窗口如图 3-11 所示。

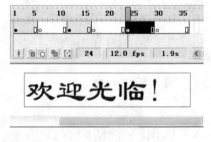

图 3-11 霓虹灯字

例 3-2 表 情

在 5 个关键帧中画 5 种表情，动画播放时显示不断变化的表情。

操作步骤如下：
① 在时间轴第 1 帧画一个表情（第 1 帧默认是关键帧）。
② 在第 7 帧插入关键帧→修改面部表情（后面关键帧自动包含前一个关键帧的内容）。
③ 分别在第 13 帧、第 19 帧、第 25 帧插入关键帧→修改面部表情→在第 31 帧插入普通帧，各关键帧的内容如图 3-12 所示。
④ 设置帧速率为 12 帧/秒。
⑤ 测试影片，几种表情将轮流显示。

例 3-3 毛笔字

动画播放时，就像写毛笔字一样将"大"字按书写顺序逐渐显示出来。

图 3-12 表 情

操作步骤如下：

① 选择文本工具→在"属性"面板中设置文本颜色为红色→文本字体为"楷体"→文本大小为 100 点→在舞台中写"大"字。

② 用选择工具选中文字，选择"修改"→"分离"菜单项（将单个文字变为图形），用任意变形工具将变为图形的文字放大。

③ 单击第 3 帧→按 F6 键插入关键帧→用橡皮擦工具将最后的笔画擦掉一点。

④ 单击第 5 帧→插入关键帧→将最后的笔画再擦掉一点。

⑤ 重复上述步骤，每隔一帧就插入关键帧，按照字的笔画顺序从后往前擦，直到"大"字被全部擦干净（注意：开始的笔画最后擦）。

⑥ 单击第 1 帧→按住 Shift 键单击最后帧，本操作选中全部帧。

⑦ 右击选中的帧→在弹出的快捷菜单中选择"翻转帧"。

⑧ 在最后插入 10 个帧，让最后完整的毛笔字延长显示时间。

⑨ 测试动画效果。动画效果如图 3-13 所示。

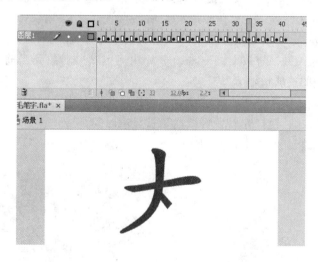

图 3-13 毛笔字

例 3-4 火柴人

动画播放时，显示一个火柴人向前奔跑的效果。

操作步骤如下：

① 新建文档→定义帧速率为 12 帧/秒。

② 在第 1 帧、第 3 帧、第 5 帧、第 7 帧、第 9 帧、第 11 帧、第 13 帧插入关键帧→用椭圆工

具、线条工具和选择工具画火柴人跑步的各种姿势,如图 3-14 所示。

图 3-14 火柴人跑步的多种姿势

③ 单击"绘图纸外观"按钮→依次对齐各关键帧的火柴人→使第 1 帧、第 7 帧、第 9 帧的火柴人稍微高一点儿。

④ 测试影片,显示火柴人跑步的动画效果。

说明:正常行走通常采用每秒两步的节奏,小步跑或快步走的节奏通常为每秒 4 步,其他情况可相应设定。

例 3-5 纸 扇

动画播放时,一把纸扇渐渐打开。

操作步骤如下:

① 在舞台中画矩形→用两种颜色的线性渐变填充→用选择工具将矩形的上部加宽→在矩形下方画粗线条(作为扇子把手)→把矩形和线条组合在一起。

② 用任意变形工具单击组合→将组合的中心点移到粗线条下半部分→按 Ctrl+C 快捷键复制组合→打开"变形"面板→旋转值输入"-70"。

③ 在第 2 帧插入关键帧,选择"编辑"→"粘贴到当前位置"菜单项,选中粘贴的对象→"变形"面板中的旋转值输入"-60",对象围绕线条下部的中心点旋转。

④ 在第 3 帧插入关键帧→按 Ctrl+Shift+V 快捷键粘贴对象到当前位置→选中粘贴的对象→"变形"面板中的旋转值输入"-50"。

⑤ 利用同样的方法依次做下去→粘贴对象的旋转角度每次增加 10°→直到旋转 70°为止。

⑥ 在第 30 帧插入帧,使打开以后的纸扇延长显示时间。

制作过程图和最终结果如图 3-15 所示。

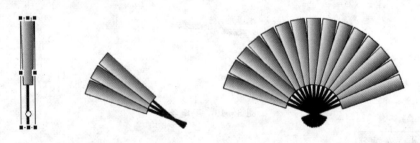

图 3-15 纸 扇

3.4 补间形状

用补间制作动画的原理是：只制作起始关键帧和结束关键帧，中间的过渡画面（也就是"补间"）由计算机计算得到，从而保证动画的连贯性。使用补间能最大限度地减小文件的大小。

Flash 提供 3 种补间类型：补间形状、传统补间和补间动画。其中，补间形状的变化对象是图形，用于改变图形的颜色和形状。

3.4.1 认识补间形状

补间形状以矢量图形作为动画主角，从一个图形变为另一个图形，Flash 自动补上关键帧之间的形状渐变过程。这里所说的图形对象是由无数个像素点组成的，被选中以后不会有边框出现。

补间形状只作用于图形对象，对于组、位图、元件实例和文本等对象，都要先分离成图形，然后才能制作补间形状。

补间形状的时间轴是绿色背景，并带有黑色箭头。

3.4.2 制作补间形状

1. 制作补间形状的步骤

① 在起始关键帧绘制图形。

② 在结束关键帧改变图形的形状或颜色，或另外绘制一个图形。

③ 单击两个关键帧之间的帧格，选择"插入"→"补间形状"菜单项，或右击两个关键帧之间的帧格→在弹出的快捷菜单中选择"创建补间形状"。

④ 在"属性"面板中设置补间形状的缓动值和混合模式。

⑤ 播放影片（按 Enter 键）或测试影片（按 Ctrl＋Enter 快捷键）。

2. 设置补间形状的缓动值

缓动值用来调整补间帧格之间的变化速率，数值范围是 $-100 \sim 100$。

① 如果输入的数值为正，那么变化的过程先快后慢。

② 如果输入的数值为负，那么变化的过程先慢后快。

③ 如果取默认值 0，那么变化的过程为匀速。

3. 设置补间形状的混合模式

混合模式有两种：分布式和角形。

① 选择"分布式"，则过渡画面的形状变化比较平滑和不规则。

② 选择"角形"，则过渡画面的形状变化会保留明显的角和直线。"角形"只适合具有锐化转角和直线的混合形状，如果对象没有角，系统会自动还原到分布式补间形状。

3.4.3 补间形状实例

下面用几个实例来了解补间形状的制作过程。

例3-6 蜡 烛

动画播放时,蜡烛的火苗左右晃动。

操作步骤如下:

① 选取椭圆工具→设置笔触色为"无色"→填充色为线性渐变。

② 打开"颜色"面板→渐变颜色条下保留3个颜料盒→左边为黄色→中间为红色→右边为浅黄色(♯FFFF99)→拖动红色颜料盒到左边1/3的位置。

③ 画椭圆→用颜料桶工具在椭圆内从上到下划一下,使渐变色从上到下填充。

④ 在第10帧插入关键帧→用选择工具将椭圆的上部分向左拖动→在第20帧插入关键帧→将椭圆的上部分向右拖动,使椭圆成为火苗状,如图3-16所示。

⑤ 在第30帧、第40帧、第50帧插入关键帧→对每个关键帧的火苗形状进行修改→在第60帧插入帧。时间轴上共有6个火苗形状的关键帧。

⑥ 在每两个关键帧之间右击→在弹出的快捷菜单中选择"创建补间形状"。

⑦ 新建图层→在第1帧用矩形工具画烛台→填充色为线性渐变,从左到右依次为橘黄(♯FF9922)、红(♯FF0000)、深红(♯990000)→将烛台移动到火苗位置下方。

⑧ 用铅笔画烛泪轮廓→填充用蜡烛的线性填充→用颜料桶工具从右向左划一下。

⑨ 双击图层1→改名为"烛光"→双击图层2→改名为"烛台"→在图层2的第60帧插入帧。

⑩ 测试影片,最终效果如图3-17所示。

图3-16 制作火苗　　　　图3-17 蜡 烛

例3-7 雨 点

动画播放时,雨点落下,随后激起水圈。

操作步骤如下:

① 将图层1改名为"雨点"→在舞台上方画一条稍微倾斜的短线→在第12帧插入关键帧→用选择工具把短线拖到舞台中间→用选择工具把短线拖长一些→单击第1帧,选择"插入"→"补间形状"菜单项,即在两个关键帧之间设置了补间形状。

② 新建图层→改名为"水圈1"→在第13帧插入空白关键帧→单击"绘图纸外观"按钮→参照线条位置画小椭圆(使线条底端在椭圆圈中心)→在第25帧插入空白关键帧→参照前一关键帧的椭圆画大椭圆(使小椭圆包含在大椭圆中)→在两个关键帧之间设置补间形状。

③ 新建图层→改名为"水圈2"→复制"水圈1"层的第13~25帧→右击"水圈2"层的第18帧→在弹出的快捷菜单中选择"粘贴帧"。

④ 选择"修改"→"文档"菜单项,文档背景颜色改为淡蓝色(♯0099CC)。

形状补间的时间轴与动画效果如图 3-18 所示。

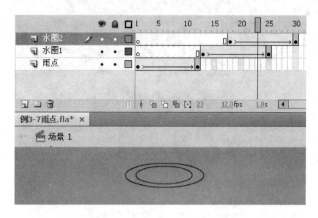

图 3-18　形状补间的时间轴与动画效果——雨点

说明：制作形状补间时，每个变化的对象都要单独放在一个图层里。

例 3-8　系列形状的渐变

动画播放时，第 1 步由一个点变为一条黑线，第 2 步由黑线变为蓝色正圆，第 3 步由蓝色正圆变为绿色正方形，第 4 步由绿色正方形变为 5 个红色小正方形，最后 5 个红色小正方形收缩为一个点。

操作步骤如下：

① 选择"视图"→"网格"→"显示网格"菜单项，在舞台中显示网格线。

② 在第 1 帧的舞台中心画一个点→按下"绘图纸外观"按钮。

③ 在第 12 帧插入关键帧→以第 1 帧的点为中心画一条 10 像素长的黑色水平线→在两个关键帧之间插入补间形状→在第 15 帧插入关键帧，延长直线显示时间。

④ 在第 26 帧插入关键帧→以直线长度为直径画无轮廓线的蓝色正圆→在两个关键帧之间插入补间形状→在第 28 帧插入关键帧，延长圆的显示时间。

⑤ 在第 39 帧插入关键帧→以圆直径为边长画无轮廓线的绿色正方形→使正方形中心与圆中心对齐→在两个关键帧之间插入补间形状→在第 41 帧插入关键帧，延长正方形的显示时间。

⑥ 在第 52 帧插入关键帧→参照正方形的中心位置画 5 个红色小正方形→在两个关键帧之间插入补间形状→在第 54 帧插入关键帧。5 个红色小正方形如图 3-19 所示。

⑦ 在第 65 帧插入关键帧→在舞台中心画黑色圆点→在两个关键帧之间插入补间形状→在第 66 帧插入帧。

⑧ 用鼠标慢慢拖动播放头观察颜色和形状的变化，如图 3-20 所示。

图 3-19　红色小正方形

说明：对于不同颜色的形状，计算机会自动完成颜色过渡。

例 3-9　进度条

动画播放时，一个蓝色的进度条逐渐填满整个进度框，并按照当前进度条的长度在进度框上方显示进度的百分比。

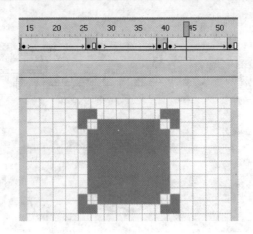

图 3-20 观察颜色和形状的变化

操作步骤如下：

① 将图层 1 改名为"进度框"→选取矩形工具→笔触为灰色→填充为白色→笔触大小为 8→在舞台中画大小为 300×25 的矩形→矩形坐标为(130,200)→在第 70 帧插入帧。

② 新建图层→改名为"进度条"→单击第 1 帧→选取矩形工具→定义笔触为无色→画大小为 1×17 的蓝色矩形→蓝色矩形坐标为(134,204)。

③ 单击"进度条"层的第 50 帧→插入关键帧→将蓝色矩形的大小改为 292×17→在两个关键帧之间创建补间形状→在第 70 帧插入帧。

④ 新建图层→改名为"文字"→单击第 1 帧→定义文字大小为 15 点→在进度框上方写"已完成　％"→文字坐标为(228,147)→在第 70 帧插入帧。

注意：％的前面留下空白位置以便显示数字。

⑤ 新建图层→改名为"数字"→单击第 1 帧→在 ％前写数字"0"→单击数字→设置数字坐标为(275,146)。

⑥ 在第 5 帧插入空白关键帧→相同位置写数字"10"→在第 10 帧插入空白关键帧→相同位置写数字"20"→依次下去→在第 50 帧插入空白关键帧→相同位置写数字"100"→在第 70 帧插入帧。进度条动画的时间轴如图 3-21 所示。

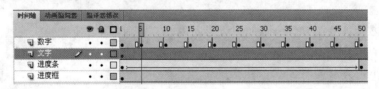

图 3-21 进度条动画的时间轴

⑦ 测试影片。进度条变化的同时显示变化的百分比，如图 3-22 所示。

图 3-22 进度条

说明：本例有两个动画类型，"进度条"层是补间形状，"数字"层是帧-帧动画。

3.4.4 给形状添加提示点

给起始关键帧和终止关键帧的图形添加变形提示,标识起始形状和结束形状相对应的点,这样可以控制更复杂的形状变化。

提示点最好沿同样的转动方向依次放置。拖动提示点到图形的棱角和曲线位置,提示点会自动吸附上去。提示点用字母表示,在起始关键帧是黄色,在结束关键帧是绿色,不在棱角或曲线上的提示点是红色。每次最多可以设定26个提示点。

下面用一个实例来介绍变形提示点的使用方法。

例 3-10 使用提示点

动画播放时,五边形按照对应提示点方向变形为五角星。

操作步骤如下:

① 在第1帧的舞台左下方画黄色无轮廓线的五边形→在第15帧插入空白关键帧→在舞台右上方画粉色(♯FF99CC)无轮廓线的五角星→在第30帧插入帧。

② 右击第1~14帧之间的任意帧→在弹出的快捷菜单中选择"创建补间形状"。

③ 单击第1帧,选择"修改"→"形状"→"添加形状提示"菜单项,把产生的第1个提示点ⓐ拖动到五边形的一个顶点。

④ 利用同样的方法添加其余4个提示点,把提示点按顺时针方向拖动到五边形其余位置,总共设置了5个提示点,分别用ⓐ~ⓔ表示。

⑤ 单击第15帧(可以看到5个提示点叠放在五角星的中心)→拖动最上面的提示点ⓔ到五角星的一个顶点→依次将其他提示点顺时针方向拖放到其余位置,如图3-23所示。

⑥ 测试影片,五边形按对应提示点方向变成五角星,颜色也从黄色变成粉色。

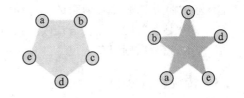

图 3-23 设置提示点

说明:删除提示点的方法很简单,右击一个提示点,在弹出的快捷菜单中选择"删除提示"或"删除所有提示",可将指定提示点删除。

3.5 传统补间

传统补间是Flash最常用的产生动画的方式,制作出的动画效果非常丰富,如移动对象、改变大小、改变颜色、改变形状、淡入淡出等。

传统补间的时间轴是蓝色背景,并带有黑色箭头。

3.5.1 认识传统补间

传统补间与补间形状的最大不同在于动画对象,补间形状的动画对象是矢量图形,而传统补间的动画对象是元件或组,制作动画时先要确认动画对象的类型再进行相关操作。

传统补间的大部分效果用帧-帧动画的方法也能实现,但提倡用传统补间,主要基于以下两个原因。

① 帧-帧动画的关键帧较多,Flash会保存每个关键帧的数据,所以导致文件相对较大;而

传统补间的关键帧较少,Flash 只保存关键帧之间的不同数据,文件会小很多。

② 帧-帧动画的动作连续性由制作者来保证,有时候很难实现;而传统补间由 Flash 制作过渡帧画面,既省事又非常精确,是人工制作无法比拟的。

3.5.2 制作传统补间

1. 制作传统补间的步骤

① 在起始关键帧放入组合或元件的实例。

② 在结束关键帧改变对象的位置、大小、颜色和透明度等。

③ 单击两个关键帧之间的任意帧格,选择"插入"→"传统补间"菜单项,或右击两个关键帧之间的任意帧格→在弹出的快捷菜单中选择"创建传统补间"。

④ 在"属性"面板中设置传统补间的参数。

⑤ 播放影片(按 Enter 键)或测试影片(按 Ctrl+Enter 快捷键)。

2. 设置传统补间的参数

① 缓动值的设置与补间形状相同。

② 旋转值有 4 种选项:选"无"使对象不旋转,选"自动"使对象沿最短路径自动旋转,选"顺时针"使对象沿顺时针方向旋转,选"逆时针"使对象沿逆时针方向旋转。设置旋转后要填旋转次数。

③ 选中"调整到路径",则对象随路径调整自身方向。

④ 选中"同步",则影片剪辑的元件动画在主电影中正确循环。

⑤ 选中"贴紧",则对象会自动吸附在引导线上。

⑥ 选中"缩放",则对象有尺寸变化。

3.5.3 传统补间实例

下面用几个实例来了解传统补间的制作过程。

例 3-11 月 食

动画播放时,产生月食效果,月亮逐渐被遮挡,然后慢慢显示出来。

操作步骤如下:

① 选择"修改"→"文档"菜单项,设置文档背景色为蓝色(♯0000FF)。

② 将图层 1 改名为"月亮"→画无轮廓黄色正圆放在舞台中央→在第 30 帧插入帧。

③ 新建图层→改名为"月食"→画蓝色(♯0000FF)无轮廓稍大些的圆→将圆转换为图形元件→放在"月亮"的左边。

④ 在"月食"层的第 30 帧插入关键帧→将蓝色圆拖放到"月亮"的右边。

⑤ 右击"月食"层的第 1~29 帧中的任意帧→在弹出的快捷菜单中选择"创建传统补间"。

⑥ 拖动播放头观看效果,月亮逐渐被遮盖又逐渐显示出来,如图 3-24 所示。

例 3-12 淡入淡出(传统补间)

动画播放时,图片的颜色由浅到深,再由深到浅,产生淡入淡出的效果。

操作步骤如下:

① 向舞台导入一幅图片→单击舞台中的图片→在"属性"面板中定义图片大小为 550×

图 3-24 月 食

400→坐标为(0,0)。此操作使图片完全覆盖舞台。

② 选中图片,选择"修改"→"转换成元件"菜单项,在对话框中设置元件类型为"图形"→单击"确定"按钮。现在,舞台中的图片已经成为图形元件的一个实例。

③ 单击图片实例→将"属性"面板中的 Alpha 值设置为 30%,此时图像颜色比较透明,如图 3-25 所示。

图 3-25 设置 Alpha 值

④ 在第 30 帧插入关键帧→单击图片实例→将"属性"面板中的 Alpha 值设置为 100%。

⑤ 右击第 1~29 帧之间的任意帧→在弹出的快捷菜单中选择"创建传统补间"。

⑥ 在第 40 帧插入关键帧,此操作将延长第 30 帧内容的显示时间。

⑦ 在第 70 帧插入关键帧→单击图片实例→将"属性"面板中的 Alpha 值设置为 30%→在两个关键帧之间创建传统补间。

⑧ 测试影片,图片先淡入,逐渐清晰后停顿一会儿,图片再淡出。

例 3-13 变速旋转

动画播放时,舞台中的图片边旋转边放大,并且旋转的速度先快后慢。

操作步骤如下:

① 选择"文件"→"导入"→"导入到库"菜单项,向库中导入一个图片。

② 从库中将导入的图片拖到舞台→缩小图片→放在舞台中央→转换为图形元件。

③ 在第 25 帧插入关键帧→放大图片使之完全遮盖舞台。

④ 右击第 1~25 帧之间的任意帧→在弹出的快捷菜单中选择"创建传统补间"→单击第 1~25 帧之间的任意帧→在"属性"面板选中"缩放"→在"缓动"文本框中输入"100"→在"旋转"下拉

列表框中选择"顺时针"→次数为2。

⑤ 慢慢拖动播放头细致观看图片的变化,如图3-26所示。

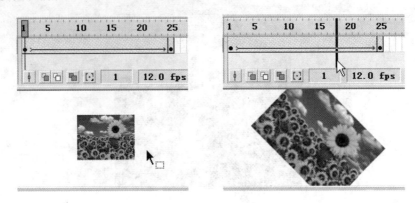

图3-26 变速旋转

3.6 补间动画

补间动画是从Flash CS4开始新增的动画制作方法,系统会自动记录关键帧,使制作动画的过程更加方便。

补间动画的时间轴是蓝色背景,没有箭头。

3.6.1 认识补间动画

补间动画提供了更多的补间控制,可以对每一帧中的对象进行编辑,在整个补间范围内控制动画的制作过程。补间动画简化了动画的制作方法,所以建议尽量用补间动画替代传统补间。

补间动画有以下特点:

① 动画的对象是元件,文本也被视为可补间类型。
② 将改变元件属性的帧自动变为关键帧。
③ 可以随意修改动画对象的移动路径。
④ 可以对每个补间应用一种色彩效果。
⑤ 可以为3D对象创建动画效果。

3.6.2 制作补间动画

制作补间动画的步骤如下:

① 在起始关键帧放入元件。
② 单击起始关键帧,选择"插入"→"补间动画"菜单项,或右击起始关键帧→在弹出的快捷菜单中选择"创建补间动画",系统会自动生成1秒的补间范围(12帧或24帧)。
③ 缩短或拉长补间范围,直接向左或向右拖动补间的最后帧格。
④ 单击补间范围内某帧格→改变元件位置(舞台会自动显示移动路径)→用选择工具调整移动路径,动画对象将沿移动路径改变位置。

⑤ 单击补间范围内的某帧格→旋转元件。

⑥ 单击补间范围内的某帧格→打开"动画编辑器"面板→改变元件的色彩效果,如颜色与透明度等。

说明:对于补间范围内改变元件属性的帧,系统会自动将该帧变为关键帧,这样的关键帧被称为"属性关键帧"。属性关键帧是补间动画里的概念。

3.6.3 补间动画实例

下面用几个实例来了解补间动画的制作过程。

例 3-14 小蜜蜂

动画播放时,一只小蜜蜂在花丛中飞来飞去。

操作步骤如下:

① 将图层 1 改名为"背景"→导入做背景的位图到舞台→调整位图大小使位图正好覆盖舞台→在第 50 帧插入帧→锁定"背景"层。

② 新建图层→改名为"蜜蜂"→将"蜜蜂"元件放到舞台左边→右击第 1 帧→在弹出的快捷菜单中选择"创建补间动画"→拖动补间范围最右边的帧格到第 50 帧。

③ 单击第 10 帧→移动"蜜蜂"元件→单击第 20 帧→移动"蜜蜂"元件→同样在第 30 帧和第 40 帧移动"蜜蜂"元件。系统自动生成一条由折线组成的移动路径。

④ 用选择工具修改移动"蜜蜂"元件所生成的路径,如图 3-27 所示。

⑤ 测试影片,蜜蜂在花丛中飞舞,效果如图 3-28 所示。

图 3-27 元件移动的路径

图 3-28 小蜜蜂

例 3-15 彩 虹

用补间动画方法制作彩虹出现的效果。

操作步骤如下:

① 将图层 1 改名为"背景"→向舞台导入图片→调整图片大小和位置使其正好覆盖舞台→在第 40 帧插入帧。

② 新建图层 2→改名为"彩虹"→用 5 根不同颜色的圆轮廓线制作彩虹圈→用选择工具选取彩虹圈下半部分并将其删除→将剩下的部分转换成图形元件→拖到舞台中合适位置。

③ 单击"彩虹"层的第 1 帧,选择"插入"→"补间动画"菜单项,拖动补间范围最后帧格到第 40 帧。

④ 单击"彩虹"层的第1帧→打开"动画编辑器"面板→单击"色彩效果"行的加号按钮→选择 Alpha 选项,如图 3-29 所示。

图 3-29 "动画编辑器"面板

⑤ 设置彩虹第1帧的 Alpha 值为 0,如图 3-30 所示。
⑥ 打开时间轴→单击第 30 帧→打开"动画编辑器"面板→设置 Alpha 值为 60%。
⑦ 测试影片,一条彩虹在天空中渐渐显示出来,如图 3-31 所示。

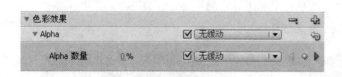

图 3-30 设置 Alpha 值

图 3-31 彩 虹

3.7 上机实验 制作基础动画

3.7.1 实验1——时钟

1. 实验目的

用帧-帧动画制作一个时钟,指针沿顺时针方向在表盘中旋转。通过本实验,进一步了解帧-帧动画的制作方法。实验的最终效果如图 3-32 所示。

2. 具体要求

① 用椭圆、线条、文本工具绘制表盘和指针。
② 定义文档的帧速率为 1 帧/秒。
③ 制作 12 个关键帧,各关键帧的指针旋转度数依次增加 30°,指针底端在表盘中心对齐。

3. 操作步骤

① 新建名为"实验 3-1 时钟.fla"的文档→定义帧速率为 1 帧/秒。
② 将图层 1 改名为"表盘"→画时钟表盘→在第 12 帧插入帧,如图 3-33 所示。

图 3-32 时　钟　　　　　　图 3-33 时钟表盘

③ 新建图层→将图层名改为"指针"→用直线工具画指针→选取指针图形,选择"修改"→"组合"菜单项,将图形变为组合。

④ 参照时钟表盘大小调整指针大小→移动指针使指针下端与表盘中心对齐。

⑤ 在"指针"层的第 2 帧插入关键帧→选取第 2 帧的对象,选择"修改"→"变形"→"缩放和旋转"菜单项,在对话框中设置旋转角度为 30°→单击"绘图纸外观"按钮→指针下端与第 1 帧指针下端对齐。

⑥ 在"指针"层的第 3 帧插入关键帧→选取第 3 帧的对象→使指针旋转 30°→指针下端与前一帧的指针下端对齐。如此做下去,每次指针旋转 30°,共完成 12 个关键帧。时钟动画的时间轴如图 3-34 所示。

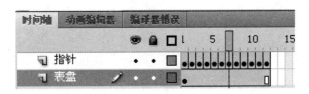

图 3-34 时钟动画的时间轴

⑦ 测试影片,时钟的指针每 12 秒旋转一圈。

3.7.2 实验 2——翻书页

1. 实验目的

用补间形状实现翻书页的效果。通过本实验,进一步了解补间形状的制作方法。实验的最终效果如图 3-35 所示。

2. 具体要求

① 用矩形工具和选择工具绘制书页。

② 用补间形状实现翻书页的效果。

3. 操作步骤

① 新建名为"实验 3-2 翻书页.fla"的文档→将图层 1 改名为"书本"。

② 单击"书本"层的第 1 帧→绘制一个矩形→填充为两种颜色的线性渐变→用选择工具弯曲矩形的上下边缘使之成为书页形状→将书页组合。

③ 复制书页→粘贴→水平翻转→移动两书页成为书本形状→将书本组合→在第 50 帧插入帧。制作书本如图 3-36 所示。

图 3-35 翻书页　　　　　　图 3-36 制作书本

④ 新建图层 2→改名为"书页"→复制一个书页→将书页分离成为图形。

⑤ 在"书页"层的第 10 帧插入关键帧→制作右侧书页掀起的形状→在第 20 帧插入关键帧→制作右边偏多的细长条→在第 21 帧插入关键帧→制作左边偏多的细长条→在第 30 帧插入关键帧→制作左侧书页掀起的形状→在第 40 帧插入关键帧→制作左侧书页。右侧和左侧掀起的书页形状如图 3-37 所示。

图 3-37 掀起的书页形状

⑥ 每两个关键帧之间插入补间形状→在第 50 帧插入帧,延长最终结果的显示。

⑦ 测试影片,书页从右边翻向左边。

3.7.3　实验 3——风车

1. 实验目的

用传统补间实现风车的效果。通过本实验,进一步了解传统补间的制作方法。本实验的最终效果如图 3-38 所示。

图 3-38　风　车

2. 具体要求

① 制作风扇图形,再将图形组合。

② 对组合创建传统补间,实现风车的效果。

3. 操作步骤

① 新建名为"实验 3-3 风车.fla"的文档→将图层 1 改名为"背景"→从库中拖入一个位图→调整位图与舞台大小相同→在第 30 帧插入帧。

② 新建图层 2→改名为"风车架"→制作深灰色(♯666666)长条矩形作为风车架→复制风车架→粘贴风车架→将粘贴的风车架缩小 50%→参照背景图将两个风车架放好→在第 30 帧插入帧。

③ 新建图层 3→改名为"风扇 1"→单击第 1 帧→用线条工具制作风扇叶片→线条为粉色(♯FF00FF)→填充为白色→将风扇叶片组合。

④ 用任意变形工具单击风扇叶片→将中心点移到风扇叶片下端→用复制和旋转方法制作另外两个风扇叶片→将 3 个叶片移到一起→制作 1 个小圆圈放到风扇中心→选取风扇的全部对象,选择"修改"→"组合"菜单项。制作的风扇如图 3-39 所示。

⑤ 用任意变形工具单击风扇→将变形中心点移到风扇中心→调整风扇大小→将风扇移到第 1 个风车架上→按 Ctrl+C 快捷键复制风扇。

⑥ 新建图层 4→改名为"风扇 2"→单击第 1 帧→按 Ctrl+V 快捷键粘贴风扇→将风扇缩小 50%→移到第 2 个风车架上。

⑦ 在"风扇 1"层的第 30 帧插入关键帧→单击第 1 帧,选择"插入"→"传统补间"菜单项,在"属性"面板中设置顺时针旋转 1 次。

⑧ 在"风扇 2"层的第 30 帧插入关键帧→利用同样的方法设置传统补间和顺时针旋转。风车动画的时间轴如图 3-40 所示。

图 3-39 制作的风扇

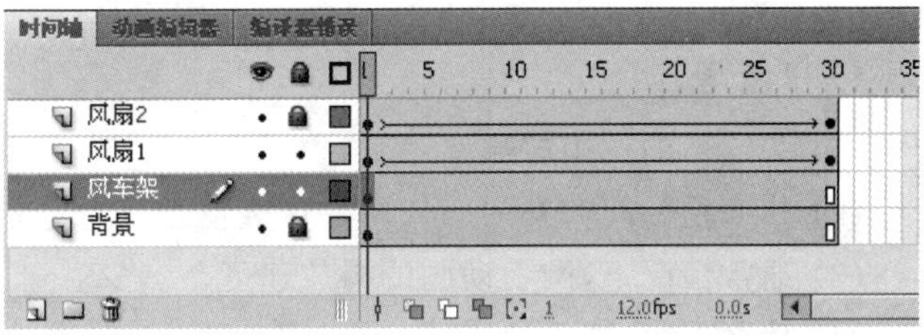

图 3-40 风车动画的时间轴

⑨ 测试影片,动画显示草原上有两个风车在不停地旋转。

3.7.4 实验 4——小燕子

1. 实验目的

用补间动画制作小燕子在树林中飞来飞去的效果。通过本实验,进一步了解补间动画的制作方法。本实验的最终结果如图 3-41 所示。

2. 具体要求

① 建立两个图层,一个放置背景图,一个放置"燕子"元件。

② 用补间动画实现小燕子在树林中飞来飞去的效果。

3. 操作步骤

① 新建名为"实验 3-4 小燕子.fla"的文档→将图层 1 改名为"背景"→将做背景的位图导入舞台→调整位图大小与舞台相同并覆盖舞台。

② 新建图层→将图层改名为"燕子"→将"燕子"元件导入到舞台→调整"燕子"元件的大小→放在舞台右边→右击第 1 帧→在弹出的快捷菜单中选择"创建补间动画"。

③ 拖动补间的最后帧格到第 36 帧→单击第 10 帧→把"燕子"拖到舞台中央→旋转元件使燕子头向上→单击第 20 帧→把"燕子"拖到舞台左上方→旋转元件使燕子头微微向下→单击第 30 帧→把"燕子"拖到舞台左边。Flash 自动为元件生成移动路径。

④ 用选择工具调整路径，如图 3-42 所示。

图 3-41 小燕子

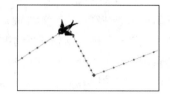
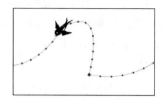
图 3-42 为元件生成移动路径

⑤ 测试动画，一只燕子飞过树林。

说明： 补间动画中由系统自动生成的关键帧称为"属性关键帧"，在属性关键帧中可以改变元件的颜色、透明度、大小和位置等，还可以旋转元件。

思考题与上机练习题三

1. 思考题

（1）关键帧的作用有哪些？
（2）什么是补间？补间的作用是什么？
（3）通常情况下，网上动画的播放速度是多少？
（4）什么是帧-帧动画？
（5）"绘图纸外观"按钮的作用是什么？
（6）按 F5、F6、F7 键，在时间轴上分别插入什么类型的帧？
（7）什么是图层？图层有几种类型？
（8）图层有哪些特点？

2. 上机练习题

（1）用帧-帧动画制作做操的火柴人。
（2）用帧-帧动画播放系列图像，每幅图像显示 1 秒。
（3）用补间形状制作系列图形变化。
（4）用补间形状制作飘动的红旗。
（5）用传统补间制作旋转的文字，先旋转变大，再旋转变小。
（6）导入一个位图，将位图转为元件，用传统补间使位图淡入淡出。
（7）用补间动画制作鱼在水里游动的效果。
（8）用补间动画制作图像变形的效果。

第 4 章　制作高级动画

第 4 章程序

本章所介绍的高级动画是指使用了特殊图层的动画,包括引导层动画、传统运动引导层动画和遮罩层动画,同时还介绍了场景以及 3D 工具和骨骼工具的使用方法。

4.1　使用引导层

引导层主要用来给被引导层中的对象定位,引导层的内容在最终影片中不显示。

4.1.1　认识引导层

引导层是用来给静态对象定位的图层,位于引导层下方的图层是被引导层,在引导层中绘制辅助线,然后将被引导层中的对象放到指定位置。定位实现以后可以将引导层删除,也可以保留引导层,而且保留引导层不会影响影片效果。

4.1.2　使用引导层的方法

使用引导层制作动画的步骤如下:
① 在当前图层中绘制对象,或从库中向舞台拖入一个对象。
② 在当前图层上方新建图层。
③ 右击新建的图层→在弹出的快捷菜单中选择"引导层"。
④ 在引导图层绘制引导线,按下工具箱中的"贴紧至对象"按钮。
⑤ 将被引导层的对象拖放到引导线指明的位置。
⑥ 给被引导层的对象定义动画。
⑦ 测试影片。

4.1.3　制作引导层动画

下面用实例来了解引导层动画的制作过程。

例 4-1　转动的小球

将 8 个球排成圆圈,动画播放时,8 个小球顺时针旋转。
操作步骤如下:
① 新建文档→将图层 1 改名为"小球"→新建图层 2→将图层 2 改名为"辅助线"。
② 单击"小球"层的第 1 帧→画黄色无边框的圆→用文本工具写数字"1"→将数字 1 调整大小移到黄色的圆上→同时选取圆和数字 1,选择"修改"→"组合"菜单项,把圆和数字 1 组合在一起。
③ 利用同样的方法再制作 7 个小球→小球上的数字分别为 2、3、4、5、6、7、8。
④ 单击"辅助线"层的第 1 帧→按住 Shift 键画无填充的正圆→按住 Shift 键画水平线、垂直线、45°斜线和 135°斜线→拖动这些线放在相应位置,这些线将圆 8 等分。

⑤ 右击"辅助线"层→在弹出的快捷菜单中选择"引导层",则"辅助线"层成为引导层,编辑窗口如图 4-1 所示。

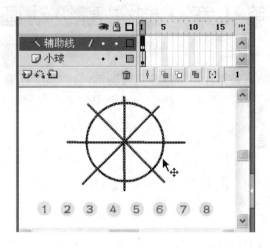

图 4-1　画小球和辅助线

⑥ 按下工具箱中的"贴紧至对象"按钮→用选择工具将小球逐个拖放到圆周与直线交汇处,最终 8 个小球被摆放成一个圆圈,如图 4-2 所示。

⑦ 选取全部小球,选择"修改"→"组合"菜单项,将 8 个小球组合在一起。

⑧ 单击"辅助线"层→单击图层窗口中的"删除"按钮,将"辅助线"层删除。

⑨ 在"小球"层的第 30 帧插入关键帧→右击第 1~30 帧之间的任意帧→在弹出的快捷菜单中选择"创建传统补间"→单击补间里的任意帧→在"属性"面板中设置顺时针旋转 1 次。

⑩ 拖动播放头观看动画效果,8 个小球顺时针旋转,如图 4-3 所示。

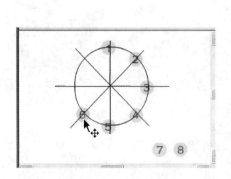

图 4-2　将小球逐个拖放到相应位置

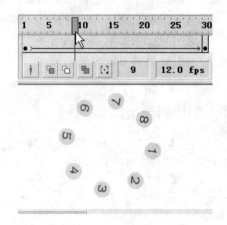

图 4-3　8 个小球顺时针旋转

说明:

① 定义引导层是"开关"操作,再次做相同的操作可将引导层还原为普通图层。

② 引导层可以保留,动画最终结果不显示引导层的内容。

4.2 使用传统运动引导层

传统运动引导层在动画制作中起引导运动路径的作用,让动画对象沿指定的路径从起点移动到终点。如果没有引导路径,那么动画对象将沿直线运动。

用传统运动引导层制作的动画效果用补间动画也能实现。

4.2.1 认识传统运动引导层

传统运动引导层不能单独使用,需要用两个图层完成,上层是运动引导层,下层是动画层。在传统运动引导层绘制动画对象的移动路径,然后将动画对象移动到路径上,被引导层中的动画对象就会沿该路径移动。

使用传统运动引导图层要注意以下几点:

① 传统运动引导层的路径只能引导元件实例或组合对象,对绘制的图形无效。

② 一个动画图层只能有一个传统运动引导层。

③ 传统运动引导层中绘制的路径在最终影片中不显示。

4.2.2 制作传统运动引导层动画

制作传统运动引导层动画的步骤如下:

① 在动画层的动画起始帧添加动画对象。

② 右击动画层→在弹出的快捷菜单中选择"添加传统运动引导层",建立传统运动引导层。

③ 单击运动引导层的第一帧→绘制引导路径,引导路径任意颜色均可。

④ 在动画层的动画起始帧中将对象移动到路径起点位置→单击工具箱中的"贴紧至对象"按钮→使动画对象的中心点与路径起始点重合。

⑤ 在动画结束位置插入关键帧→在运动引导层相同位置插入帧→将动画层的动画对象移到路径终点。

⑥ 如果需要动画对象的前方(如鸟的头部)始终与路径方向一致,那么可以在"属性"面板中选中"调整到路径"。

4.2.3 传统运动引导层动画实例

下面用几个实例来了解传统运动引导层动画的制作过程。

例 4-2 白兔转圈

动画播放时,一只白兔在草地上围着一个圆圈跑。

操作步骤如下:

① 新建文档,选择"修改"→"文档"菜单项,在对话框中设置舞台背景颜色为绿色。

② 将图层 1 改名为"白兔"→从库中将影片剪辑元件"白兔"拖入舞台待用。

③ 右击"白兔"层→在弹出的快捷菜单中选择"添加传统运动引导层",即可在"白兔"层上方生成传统运动引导层。

④ 选择椭圆工具→填充色为"无色"→笔触色为"黑色"→在运动引导层的第 1 帧中画只

有轮廓线的椭圆→用橡皮擦工具将轮廓线擦掉一小段(使椭圆产生两个端点)→在第40帧插入帧。

⑤ 单击"白兔"层的第1帧→按下工具箱中的"贴紧至对象"按钮(使实例吸附在引导线上)→将对象拖到轮廓线的一个端点→在第40帧插入关键帧→单击第40帧→将对象拖到轮廓线的另一端点,如图4-4所示。

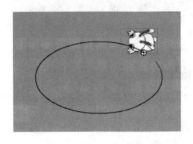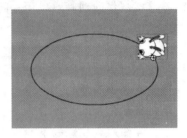

图4-4 将对象放到路径端点

⑥ 在"白兔"层的两个关键帧之间创建传统补间→单击补间任意帧→在"属性"面板中选中"调整到路径"。"白兔转圈"的时间轴如图4-5所示。

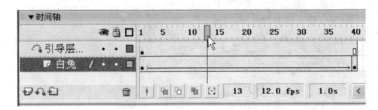

图4-5 "白兔转圈"的时间轴

⑦ 按Ctrl+Enter快捷键测试影片,显示一只白兔沿椭圆转圈跑动。

例4-3 蝴 蝶

动画播放时,一只蝴蝶在花朵上落一下,然后绕一圈飞走。

操作步骤如下:

① 新建文档→将图层1改名为"花"→修改文档背景色为淡黄色→在舞台画一盆花→在第60帧插入帧。

② 新建图层→图层改名为"蝴蝶"→从库中将"蝴蝶"元件拖放到舞台右侧→调整对象大小。

③ 右击"蝴蝶"层→在弹出的快捷菜单中选择"添加传统运动引导层"→将引导层改名为"路径"→用铅笔工具在引导层的第1帧中绘制路径→在第60帧插入帧。"蝴蝶"的图层排列如图4-6所示。

④ 单击"蝴蝶"层的第1帧→按下工具箱中的"贴紧至对象"按钮→将对象拖到路径起点→在"属性"面板中选中"调整到路径"→在第60帧插入关键帧→将对象拖到路径终点→在两个关键帧之间创建传统补间。

⑤ 拖动播放头观看动画效果,蝴蝶沿指定路径飞过,如图4-7所示。

图 4-6 "蝴蝶"的图层排列　　　　图 4-7 蝴蝶沿指定路径飞过

说明：引导线的转弯不宜过急，被引导对象的中心点必须在引导线上。

4.3 使用遮罩层

遮罩是 Flash 很实用的功能，利用遮罩层能够制作很多变幻莫测的神奇效果。

4.3.1 认识遮罩层

遮罩，其本质就是确定一个显示范围，有选择地显示被遮罩层的内容，产生特殊的动画效果。遮罩动画必须用两个层才能完成，上层是遮罩层，下层是被遮罩层。通常在遮罩层画一个色块，此时不管什么颜色的色块都将成为透明区域，它像一个窗口，透过窗口可以看到被遮罩层的内容；而色块以外的区域不透明，它遮盖了被遮罩层的内容。

例如，在遮罩层上绘制实心圆，被遮罩层的内容只有位于实心圆下面才能显示。

使用遮罩层要注意以下几点：

① 遮罩层中的图形仅起透明作用，无论什么颜色，遮罩效果都一样。
② 在遮罩层和被遮罩层都可以定义动画。
③ 只有填充的对象才能用来做遮罩，线条对象不能做遮罩。

另外，一个遮罩层可以作用于下方多个图层，拖动被遮罩层下方的图层与被遮罩层对齐即可。将图层移出遮罩层，遮罩层将不再作用于该图层。

4.3.2 制作遮罩层

制作遮罩层的步骤如下：

① 在想要产生遮罩效果的图层上方新建一个层。
② 在新层上建立有填充色的对象，也可以给对象设置动作。
③ 右击新建的层→在弹出的快捷菜单中选择"遮罩层"，层图标变成 ▨，表示这是遮罩层，位于遮罩层下面的层图标变成 ▨，表示这是被遮罩层。
④ 测试影片，被遮罩层的内容只有位于遮罩层对象的下方才能显示。

说明：定义遮罩层是"开关"操作，再次做相同的操作可将遮罩层还原为普通层。

4.3.3 遮罩动画实例

下面通过几个实例来了解遮罩动画的制作过程。

例 4-4 探照灯

动画播放时,一束探照灯光从图片左边照过来,到图片中央后慢慢放大并定格。

操作步骤如下:

① 新建文档→向舞台导入图片→在"属性"面板中定义图片大小为 550×400→图片坐标为(0,0),使图片正好覆盖舞台。

② 单击图片→选择"修改"→"转换为元件"菜单项→在对话框的"类型"框中选择"图形"→给元件起名→单击"确定"按钮,将舞台中的图片转换成图形元件的实例。

③ 单击图形元件实例→在"属性"面板的"色彩效果"中选择"亮度"→亮度值取-30%,使图片变暗。

④ 右击图层 1 中的图形实例→在弹出的快捷菜单中选择"复制"→新建图层 2→单击图层 2 的第 1 帧,选择"编辑"→"粘贴到当前位置"菜单项,将图层 1 的图形实例粘贴到图层 2 的第 1 帧中。

⑤ 单击图层 2 的实例→在"属性"面板中将亮度值设置为 10%,使图片变亮。

⑥ 拖动鼠标同时选取两个层的第 60 帧→右击选取的帧→在弹出的快捷菜单中选择"插入帧",延长图片播放时间。

⑦ 在图层 2 上方新建图层 3→在图层 3 的第 1 帧中画无边框黑色圆→在"属性"面板中定义圆的大小为 90×90→选取圆,选择"修改"→"组合"菜单项,将组合后的圆拖放到舞台左上侧。

⑧ 在图层 3 的第 20 帧插入关键帧→将圆从舞台左上侧移动到舞台中央→在第 40 帧插入关键帧→将圆放大至 250×250→在每两个关键帧之间创建传统补间→在第 60 帧插入帧。

⑨ 右击图层 3→在弹出的快捷菜单中选择"遮罩层",图层 3 就会成为图层 2 的遮罩层。

⑩ 测试影片,"探照灯"从左侧照到舞台中心后慢慢放大。

探照灯的动画效果如图 4-8 所示。

说明:本例将遮罩层的对象变为组合后定义动画,也可以将遮罩层的对象变为元件后定义动画。另外,若要设置图片的亮度属性,则需要将图片转换为元件。

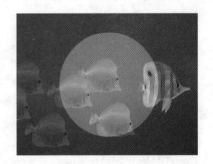

图 4-8 探照灯

例 4-5 移动的彩虹字

动画播放时,文字从左向右移动,并且变幻出彩虹色。

操作步骤如下:

① 新建文档,选择"修改"→"文档"菜单项,定义背景颜色为黑色。

② 将图层 1 改名为"渐变色"→新建图层→更改图层名为"文字"。

③ 单击"渐变色"层的第 1 帧→画大小为 550×75 的长条矩形→坐标为(0,170)→填充 7 种颜色的线性渐变→在第 60 帧插入帧。

④ 单击"文字"层的第 1 帧→选取文本工具→在"属性"面板中定义字颜色为黑色→字大小为 70 点→写字→用选择工具选取文字→将字转换为图形元件→放在长条矩形左侧。

⑤ 在"文字"层的第 60 帧插入关键帧→将文字拖到长条矩形的右侧→右击两个关键帧之间的任意帧→在弹出的快捷菜单中选择"创建传统补间",使文字从矩形左侧移动到矩形右侧。

⑥ 右击"文字"层→在弹出的快捷菜单中选择"遮罩层"。

⑦ 按 Ctrl+Enter 快捷键测试影片,文字在移动过程中变幻出彩虹色。

移动的彩虹字的效果如图 4-9 所示。

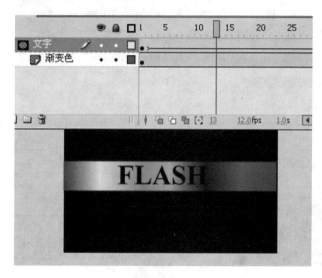

图 4-9 移动的彩虹字

说明:右击遮罩层→在弹出的快捷菜单中选择"显示遮罩",可以在设计窗口中看到遮罩效果。

例 4-6 打字效果

动画播放时,文字从左向右逐个显示出来,模拟打字机的打字效果。

操作步骤如下:

① 新建文档→修改文档背景色为黑色→修改帧速率为 2 帧/秒。

② 将图层 1 改名为"文字"→新建图层 2→将图层 2 改名为"遮罩"。

③ 选取文本工具→在"属性"面板中定义字大小为 90 点→字颜色为黄色→在"文字"层的第 1 帧中写"天生我材必有用!"→移动文字到舞台中间→在第 10 帧插入帧。

④ 单击"遮罩"层的第 1 帧→参照文字大小画绿色矩形放在文字左边。

⑤ 在"遮罩"层的第 2 帧插入关键帧→用任意变形工具单击矩形→拖动矩形右边框调节柄向右遮盖第 1 个字→在"遮罩"层的第 3 帧插入关键帧→用任意变形工具向右扩展矩形遮盖第 2 个字→依次做下去直到矩形遮盖所有文字→在第 10 帧插入帧。

⑥ 右击"遮罩"层→在弹出的快捷菜单中选择"遮罩层"。打字效果如图 4-10 所示。

⑦ 测试动画,文字逐个显示出来,就像用打字机打出来的一样。

说明:本例遮罩层的动画为帧-帧动画。

例 4-7 滚动字幕

程序运行时,文字在指定的区域中向上滚动显示。

操作步骤如下:

① 新建文档→将图层 1 改名为"文字"。

② 单击"文字"层的第 1 帧→写几行字→将文字转换成图形元件放在舞台下端→在第 50 帧插入关键帧→将文字移到舞台的上端→在两个关键帧之间创建传统补间。

③ 新建图层 2→改名为"遮罩"→比照文字宽度绘制黑色无轮廓矩形并放在舞台中间。

④ 新建图层 3→改名为"文字框"→比照矩形绘制蓝色边框(无填充色的矩形)。

⑤ 拖动鼠标同时选中"遮罩"层和"文字框"层的第 50 帧→插入帧。

⑥ 右击"遮罩"层→在弹出的快捷菜单中选择"遮罩层"。

⑦ 测试影片,文字向上滚动,只有位于矩形框中的文字才可见,如图 4-11 所示。

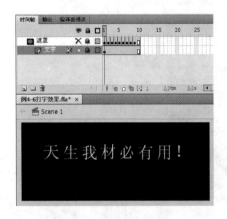

图 4-10 打字效果

图 4-11 滚动字幕

说明:本例的被遮罩层为动画图层。

4.4 使用场景

场景是动画制作中常用手法,用来管理和编辑复杂的动画。每个场景都是一个单独的动画,若干个单独动画按场景顺序串起来,可以展示更多情节。所以,使用多个场景能增强动画的表现力,丰富动画的内容。

对场景的操作主要有:添加新场景、切换场景、更改场景名等,这些在第 1 章已经介绍,此处不再赘述。选择"控制"→"测试场景"菜单项,可以测试当前场景,生成该场景的 SWF 文件。

下面用实例介绍使用场景制作动画的方法。

例 4-8 播放多个动画

动画播放时,依次播放 2 个单独的动画。

操作步骤如下:

① 准备 3 个动画文件:风车.swf、小燕子.swf、焰火.swf。

② 选择"窗口"→"其他面板"→"场景"菜单项,打开"场景"面板。

③ 将"场景 1"改名为"风车"→添加 2 个场景→新场景分别命名为"小燕子"和"焰火"。

④ 单击工作区中的"切换场景"按钮→选择"风车"场景→将"风车.swf"导入到舞台。切换场景如图 4-12 所示。

⑤ 切换到"小燕子"场景→将"小燕子.swf"导入到舞台→切换到"焰火"场景→将"焰火.swf"导入到舞台。

⑥ 按 Ctrl+Enter 快捷键测试影片,3 个动画依次播放。

说明:导入到舞台或导入到库的 Flash 文件必须是 SWF 格式。

图 4-12　切换场景

例 4-9　图像切换

动画播放时,用 3 种不同方式切换图片,用 3 个场景完成。

操作步骤如下:

① 用抓图软件处理 6 张图片(图片大小为 550×400)→向库中导入处理好的图片→在"库"面板中分别用数字 1~6 给图片命名→定义帧频为 12 帧/秒。

② 在"场景"面板中建立 3 个场景→在工作窗口单击"编辑场景"按钮→切换到场景 1→单击第 1 帧→将图片 1 拖入舞台→在"属性"面板中定义图片坐标为(0,0)→在第 48 帧插入帧(注:帧速率是 12 帧/秒,图片显示 4 秒)。

③ 新建图层 2→在第 12 帧插入关键帧→将图片 2 拖入舞台→图片坐标为(0,0)→在第 48 帧插入帧(注:第 1 幅图片显示 1 秒以后开始图片切换)。

④ 新建图层 3→在第 12 帧插入关键帧→画大小为 10×400 的黑色无边框矩形→放在舞台左侧→坐标为(-10,0)→在第 36 帧插入关键帧→用自由变形工具将矩形向右放大至完全覆盖舞台→在两个关键帧之间创建补间形状→在第 48 帧插入帧。

⑤ 右击图层 3→在弹出的快捷菜单中选择"遮罩层"。场景 1 的时间轴如图 4-13 所示。

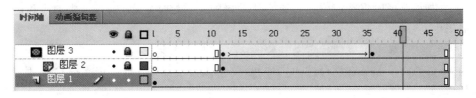

图 4-13　场景 1 的时间轴

⑥ 切换到场景 2→用相同的方法用图片 3 和图片 4 制作图层 1 和图层 2→新建图层 3→在第 12 帧插入关键帧→画大小为 10×10 的黑色无边框小圆→放在舞台中心→在第 36 帧插入关键帧→将小圆放大至完全遮盖舞台→在两个关键帧之间创建补间形状→在第 48 帧插入帧→设置图层 3 为遮罩层。

⑦ 切换到场景 3→用相同的方法用图片 5 和图片 6 制作图层 1 和图层 2→新建图层 3→在第 12 帧插入关键帧→画黑色无边框小矩形放在舞台右下角→矩形坐标为(550,400)→在第 36 帧插入关键帧→将矩形放大至完全遮盖舞台→在两个关键帧之间创建补间形状→在第 48 帧插入帧→设置图层 3 为遮罩层。

⑧ 测试影片,首先从左向右切换图片,然后用中心圆扩大方式切换图片,最后从舞台右下角逐渐扩大切换图片。

说明:本例的 3 种切换均采用补间形状,时间轴相同,也可以用其他方法实现图片切换。

4.5 使用3D工具

3D工具能在三维空间中移动和旋转影片剪辑,从而创建3D效果。使用3D工具必须在Flash文件的ActionScript 3.0模式下,观看3D效果必须使用10.0及以上版本的Flash播放器。

需要说明的是:不能对遮罩层上的对象使用3D工具,包含3D对象的图层也不能用作遮罩层。

4.5.1 认识3D工具

3D工具包含2个工具:3D旋转工具和3D平移工具。

1. 3D旋转工具

用3D旋转工具单击影片剪辑实例,就可以旋转对象。此时,在实例之上会显示3D旋转控件:红色的是x控件、绿色的是y控件,蓝色的是z控件,橙色的是自由旋转控件,用自由旋转控件可同时绕x和y轴旋转。3D旋转控件如图4-14所示。

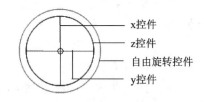

图4-14 3D旋转控件

① 左右拖动x控件可使对象横向旋转;上下拖动y控件可使对象纵向旋转;拖动z控件可进行圆周运动,使对象绕中心旋转。

② 拖动中心点可以重新定位相对于影片剪辑的旋转控件中心点,双击中心点可将其移回到影片剪辑中心。

③ 在"变形"面板中可以精确定义和修改3D旋转的属性。

④ 工具箱的选项部分有"全局"切换按钮,单击该按钮或按D键,可在全局模式和局部模式之间切换。

⑤ 可以在舞台上选择一个或多个影片剪辑,用3D旋转工具进行旋转。

⑥ "属性"面板有"透视角度"属性,增大透视角度可使3D对象看起来更近,减小透视角度可使3D对象看起来更远。

⑦ "属性"面板有"消失点"属性,用来控制3D对象沿z轴方向的移动方向,对象将向消失点后退。消失点是一个文档属性,它会影响应用了z轴平移或旋转的所有影片剪辑,但不会影响其他影片剪辑。消失点默认位置是舞台中心,单击"属性"面板中的"重置"按钮可将消失点移回舞台中心。

2. 3D平移工具

用3D平移工具单击影片剪辑实例,就可以平移对象。此时,实例上会显示3D平移控件:红色的横向箭头为x轴,绿色的纵向箭头为y轴,中间的黑色圆点为z轴。3D平移控件如图4-15所示。

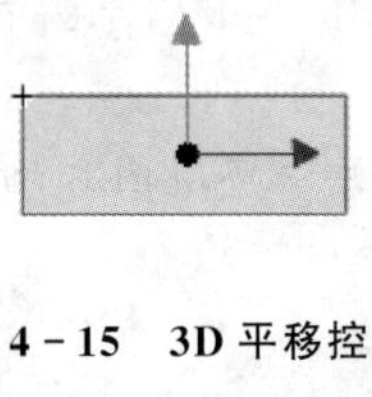

图4-15 3D平移控件

① 左右拖动x轴控件可使对象沿x轴平移,上下拖动y轴控件可使对象沿y轴平移,上下拖动z轴控件可使对象变大或变小。

② 3D平移工具的默认模式是全局,相对舞台移动对象,切换到局部以后,相对父影片剪辑移动对象。

③ 选择多个影片剪辑以后,用平移工具移动其中一个选定对象,其他对象将以相同的方式移动。

4.5.2 使用3D工具制作动画

使用3D工具制作动画的步骤如下:
① 在第1帧向舞台拖入影片剪辑元件,生成该元件的实例。
② 用3D平移工具移动实例或用3D旋转工具旋转实例。
③ 创建补间动画。
④ 在补间范围内的其他帧更改实例的平移属性或旋转属性。

4.5.3 使用3D工具制作动画的实例

下面用2个实例来了解使用3D工具制作动画的过程。

例4-10 旋转片头

动画播放时,片头文字进行3D旋转。

操作步骤如下:

① 在Flash(ActionScript 3.0)模式下新建文档→帧速率为24帧/秒。

② 绘制2种颜色线性渐变的矩形→写文字"动物世界"(文字大小为60点)→将文字移到矩形上→同时选中文字和矩形→转换成影片剪辑元件→放在舞台中央。

③ 用3D旋转工具单击舞台中的对象→拖曳橙色的自由旋转控件使实例向右斜插→在第10帧插入关键帧,使斜插的对象延长显示。

④ 右击第10帧→在弹出的快捷菜单中选择"创建补间动画"→拖动补间范围右边帧格到第50帧。

⑤ 单击第20帧→拖曳自由旋转控件使实例恢复到原样→单击第30帧→拖曳自由旋转控件使实例向左斜插→在第40帧实例恢复到原样,如图4-16所示。

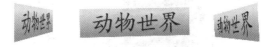

图4-16 左右旋转

⑥ 单击第50帧→拖曳自由旋转控件使实例旋转一个角度→在第90帧插入帧→以后每隔5帧旋转一定角度→直到实例旋转一圈,如图4-17所示。

⑦ 测试影片,片头先左右斜插,然后旋转一圈。

例4-11 平移图片

动画播放时,图片进行3D平移。

操作步骤如下:

① 在Flash(ActionScript 3.0)模式下新建文档。

图 4-17 实例旋转一圈

② 导入位图到舞台→将位图转换为影片剪辑元件(舞台中的图片成为影片剪辑的实例)→在"属性"面板中定义实例大小为 75×75→定义实例坐标为(230,160)。

③ 选取 3D 平移工具→右击第 1 帧→在弹出的快捷菜单中选择"创建补间动画"→右击第 20 帧,在弹出的快捷菜单中选择"插入关键帧"→"缩放"菜单项,单击第 1 帧的实例→按住 z 轴控件向下拖动,实例变大。

④ 右击第 20 帧,在弹出的快捷菜单中选择"插入关键帧"→"位置"菜单项,单击第 20 帧的实例→向右拖动 x 控件(红箭头),实例向右平移。

⑤ 右击第 35 帧,在弹出的快捷菜单中选择"插入关键帧"→"位置"菜单项,单击第 35 帧的实例→向下拖动 y 控件(绿箭头),实例向下平移。

⑥ 右击第 65 帧,在弹出的快捷菜单中选择"插入关键帧"→"位置"菜单项,单击第 65 帧的实例→向左拖动 x 控件(红箭头),实例向左平移。

⑦ 右击第 80 帧,在弹出的快捷菜单中选择"插入关键帧"→"位置"菜单项,单击第 80 帧的实例→按住 Ctrl 键拖动 y 控件→将实例移回到舞台中央。

⑧ 右击第 129 帧→在弹出的快捷菜单中选择"插入帧"。

⑨ 测试影片,图像先放大,然后沿右、下、左移动,最终回到初始位置。移动轨迹如图 4-18 所示。

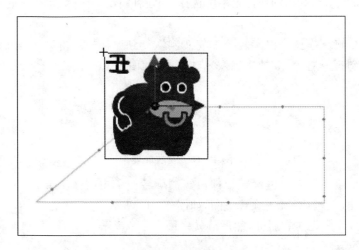

图 4-18 3D 平移的移动轨迹

说明:按住 Ctrl 键拖动 x 控件或 y 控件,可以沿任意方向移动实例。

4.6 使用骨骼工具

骨骼工具适合做机械运动或人走路等具有反向运动并伴有甩动效果的动画。骨骼工具只能在 Flash 文件的 ActionScript 3.0 模式下使用。

4.6.1 认识骨骼工具

骨骼工具组包含 2 个工具:骨骼工具和绑定工具。

骨骼工具可以用于影片剪辑和图形,绑定工具通常用来将图形的点与图形中的骨骼绑定在一起。

多个骨骼在一起就组成骨架,骨架分为线性骨架和树形骨架,线性骨架没有分支,树形骨架至少有一个分支。例如,人的骨架是树形骨架,蛇的骨架是线性骨架。

骨架中有一个骨骼称为根骨骼,根骨骼的起始端用绿色圆圈标识,骨架从根骨骼开始搭建。

4.6.2 使用骨骼工具制作动画

使用骨骼工具制作动画的步骤如下:

① 在第 1 帧绘制图形,或向舞台拖入组成对象的多个影片剪辑元件。

② 给图形添加骨骼并根据需要将图形边界点与骨骼绑定,或用骨骼将多个影片剪辑元件连在一起组成对象。

③ 创建补间动画。

④ 在补间范围内的其他帧可以更改实例的动作属性。

4.6.3 使用骨骼工具制作动画的实例

下面用 1 个实例来了解使用骨骼工具制作动画的过程。

例 4-12 给图形添加骨骼

动画播放时,用骨骼工具控制图形的变化。

操作步骤如下:

① 在 Flash(ActionScript 3.0)模式下新建文档→帧速率为 24 帧/秒。

② 导入位图"黑猫"到舞台→选中位图,选择"修改"→"位图"→"转换位图为矢量图"菜单项,调整图的大小放在舞台中间→在第 40 帧插入帧。

③ 用套索工具选取尾巴→按 Ctrl+X 快捷键剪切→新建图层 2→改名为"尾巴",选择"编辑"→"粘贴到当前位置"菜单项。

④ 单击骨骼工具→从尾巴根开始拖动鼠标画骨骼→逐渐画到尾巴梢→骨骼画的短一点儿,密一点儿,如图 4-19 所示。

⑤ 右击第 10 帧→在弹出的快捷菜单中选择"插入姿势"→用选择工具拖动尾巴梢改变骨骼形状→利用同样的方法在第 20 帧和第 30 帧插入姿势→在第 40 帧插入帧,如图 4-20 所示。

⑥ 测试影片,黑猫的尾巴在不停地摆动。

图 4-19 给尾巴画骨骼

图 4-20 改变骨骼形状

说明: 如果将骨骼工具作用于影片剪辑,首先把对象分解,然后分别将对象的各部分做成影片剪辑,最后用骨骼把对象串起来。

4.7 上机实验 制作高级动画

4.7.1 实验1——放大镜

1. 实验目的

用遮罩动画制作放大镜效果,放大镜从左向右慢慢扫过,镜片下的文字会变大。动画效果如图 4-21 所示。

2. 具体要求

① 使用 4 个图层,从下到上依次为小字、放大镜、大字和镜片。

② 使用 4 个对象,分别是小字、大字、放大镜和镜片,其中镜片用于遮罩。

3. 操作步骤

① 新建名为"实验 4-1 放大镜.fla"的文档→将图层 1 改名为"小字"→选取文本工具→在"属性"面板中定义字号为 50→字颜色为黑色→写文字 Flash→将文字分离→文字之间拉开一点儿距离→在第 35 帧插入帧。

② 新建图层→改名为"大字"→将"小字"层中的文字复制到"大字"层中→再做一次分离→用任意变形工具放大文字→逐个放到对应的小字位置上→在第 35 帧插入帧。

③ 新建图层→改名为"放大镜"→参照文字大小画黑色边框、浅灰色(♯CCCCCC)填充的圆→用矩形工具和任意变形的"封套"选项制作放大镜把手→将放大镜的所有对象组合→放在

文字左边→在第 35 帧插入关键帧→将组合放到文字右边→在两个关键帧之间创建传统补间,放大镜如图 4-22 所示。

图 4-21 放大镜效果

图 4-22 放大镜

④ 新建图层→改名为"镜片"→制作与放大镜的镜片相同大小的无轮廓黑色圆→将黑色圆变为组合→移到第 1 帧放大镜的镜片上→在第 35 帧插入关键帧→将黑色圆移到第 35 帧放大镜的镜片上→在两个关键帧之间创建传统补间。

⑤ 将"放大镜"层拖曳到"大字"层下面→将"镜片"层变为遮罩层。"放大镜"动画的时间轴如图 4-23 所示。

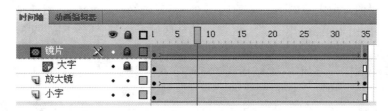

图 4-23 "放大镜"动画的时间轴

⑥ 测试影片,放大镜从左到右移动,镜框内的文字被放大。

4.7.2 实验 2——闪闪的红星

1. 实验目的

用遮罩动画制作光芒效果,动画播放时显示一颗闪闪发光的红星,如图 4-24 所示。

2. 具体要求

① 使用 2 个图层制作光芒,遮罩层与被遮罩层都是动画层。

② 制作光芒使用了"变形"面板中的"重制选区和变形"功能。

③ 将线条转换为填充,因为线条必须转换为填充才能在遮罩层中起作用。

图 4-24 闪闪的红星

3. 操作步骤

① 将文档背景色定义为浅灰色。

② 单击图层 1 的第 1 帧→选择线条工具→在"属性"面板中定义笔触大小为 3→笔触颜色为黄色→在舞台画短线条。

③ 用选择工具单击线条,选择"修改"→"形状"→"将线条转换为填充"菜单项。

④ 用任意变形工具单击线条→将形状中心点拖到右端点的上方→打开"变形"面板→定义旋转值为15°→不断单击"变形"面板中的"重制选区和变形"按钮（线条围绕形状中心点成为一个圈）→选中全部线条→转换为图形元件，如图4-25所示。

⑤ 新建图层2→在第1帧中画线条→将线条转换为填充→用任意变形工具单击线条→将形状中心点拖到右端点的下方→在"属性"面板中定义旋转值为15°→不断单击"变形"面板中的"重制选区和变形"按钮→选中全部线条→转换为图形元件，如图4-26所示。

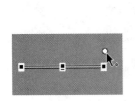  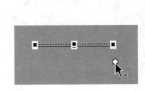 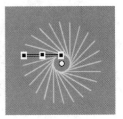

图4-25　复制线条1　　　　　　　　　　图4-26　复制线条2

⑥ 将两图层的对象上下对齐→新建图层3→用深红色（♯990000）画五角星轮廓（参考第2章例2-5）→用相同深红色填充5个区域→其余区域用大红色（♯FF0000）填充→将五角星组合→调整五角星大小并放到光芒中心处。五角星制作如图4-27所示。

⑦ 在图层1和图层2的第35帧插入关键帧→在图层3的第35帧插入帧。

⑧ 在图层1和图层2的两个关键帧之间创建传统补间→定义图层1对象顺时针旋转一圈→定义图层2对象逆时针旋转一圈→将图层2变为遮罩层。"闪闪的红星"的时间轴如图4-28所示。

图4-27　制作五角星　　　　　　　图4-28　"闪闪的红星"的时间轴

⑨ 测试影片，红星闪闪发光。

4.7.3　实验3——花灯

1. 实验目的

用遮罩层技术制作花灯转动的动画效果。通过本实验，进一步了解如何使用透明方法看到被遮罩层下方的内容。

2. 具体要求

① 用放射状填充方法制作圆，使圆有球的效果。

② 用定义Alpha方法和遮罩方法显示圆下面的内容。

3. 操作步骤

① 选择"视图"→"网格"→"显示网格"菜单项，选择"视图"→"网格"→"编辑网格"菜单

项,定义网格宽和高都是25→单击"确定"按钮。

② 定义舞台背景色为淡黄色→向舞台导入位图→调整位图大小为650×200→将位图转换成图形元件→元件起名为"年画娃娃"→元件坐标为(0,0)。

③ 单击主电影时间轴图层1的第1帧→将"年画娃娃"元件拖放到舞台右边生成一个实例→实例坐标为(175,100)→在第65帧插入关键帧→将实例移动到舞台左边→实例坐标为(-475,100)→在两个关键帧之间创建传统补间。图层1的第1帧和第65帧如图4-29所示。

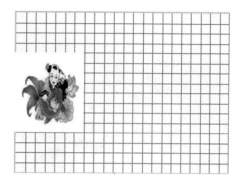

图4-29 图层1的第1帧和第65帧

④ 新建图层2→在第45帧插入关键帧→将"年画娃娃"元件拖放到舞台右边生成一个实例→实例坐标为(375,100)→在第65帧插入关键帧→定义实例坐标为(175,100)→在两个关键帧之间创建传统补间。图层2的第45帧和第65帧如图4-30所示。

图4-30 图层2的第45帧和第65帧

⑤ 新建图形元件→给元件起名为"球"→画大小为200×200的无轮廓线的圆→用白和粉红两种颜色放射状填充→圆坐标为(-100,-100)。

⑥ 新建图层3→单击第1帧→将图形元件"球"拖入舞台生成实例→实例坐标为(275,200)→在"属性"面板中定义实例的Alpha值为40%→在第65帧插入帧。半透明的"球"位于舞台中央,如图4-31所示。

⑦ 制作动态图形元件"网格"→元件由5个关键帧组成→每个关键帧都画一个带有网格的圆→圆的大小为200×200→圆的坐标为(-100,-100)。从第1帧到第5帧的5个圆如图4-32所示。

⑧ 新建图层4→单击第1帧→将动态图形元件"网格"拖入舞台生成实例→实例坐标为

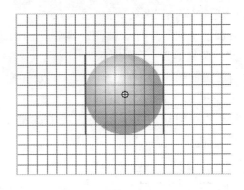

图 4-31 半透明的"球"

图 4-32 从第 1 帧到第 5 帧的 5 个圆

(275,200)→在第 65 帧插入帧。

⑨ 制作图形元件"遮罩球"→画蓝色无轮廓线的圆→圆的大小为 200×200→圆的坐标为 (-100,-100)。

⑩ 新建图层 5→单击第 1 帧→将图形元件"遮罩球"拖入舞台生成实例→实例的坐标为 (275,200)→在第 65 帧插入帧→将图层 5 转为遮罩层。

⑪ 依次把图层 3、图层 2 和图层 1 拖到图层 4 下方位置对齐,"花灯"的时间轴如图 4-33 所示。

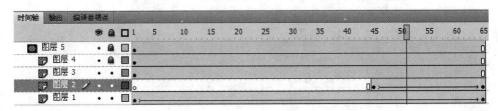

图 4-33 "花灯"的时间轴

⑫ 测试影片。一个转动的花灯上显示 4 个年画娃娃的图像,如图 4-34 所示。

说明:本例的特点是将一个遮罩作用于多个图层。

4.7.4 实验 4——开门

1. 实验目的

用 3D 旋转工具制作门打开的动画效果。通过本实验,了解如何使用 3D 工具制作补间动画。

图 4-34 花灯效果

2. 具体要求

① 制作影片剪辑元件"门"。
② 用 3D 旋转工具打开"门"。

3. 操作步骤

① 新建 Flash 文档→选 ActiongScript 3.0→定义帧频为 12 帧/秒。

② 选择"视图"→"网格"→"显示网格"菜单项,选择"视图"→"网格"→"编辑网格"菜单项,定义网格宽和高都是 50→单击"确定"按钮。

③ 制作影片剪辑元件"门"→画边框为黑色、填充为橘黄色的矩形→定义矩形宽和高为 100×200→坐标为(0,0)。

④ 将图层 1 改名为"右门"→单击第 1 帧→将元件拖入舞台生成一个实例→定义实例坐标为(275,100)。

⑤ 在第 20 帧插入关键帧→右击第 20 帧→在弹出的快捷菜单中选择"创建补间动画"→单击"3D 旋转工具"→将旋转中心点拖放到矩形右边框。

⑥ 右击第 40 帧,在弹出的快捷菜单中选择"插入关键帧"→"旋转"菜单项,单击第 40 帧→用 3D 旋转工具单击实例→向下拖动左边 y 轴(见图 4-35 的左图)→右击第 60 帧,在弹出的快捷菜单中选择"插入关键帧"→"旋转"菜单项,单击第 60 帧→用 3D 旋转工具单击实例→向下拖动左边 y 轴(见图 4-35 的中图)→右击第 80 帧,在弹出的快捷菜单中选择"插入关键帧"→"旋转"菜单项,单击第 80 帧→用 3D 旋转工具单击实例→向下拖动左边 y 轴(见图 4-35 的右图)→在第 100 帧插入帧。

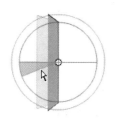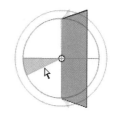

图 4-35 制作右门打开

⑦ 新建图层→将图层改名为"左门"→单击第 1 帧→将元件拖入舞台生成一个实例→将实例水平翻转(使实例注册点在右边框)→定义实例坐标为(275,100)。

⑧ 在第 20 帧插入关键帧→右击第 20 帧→在弹出的快捷菜单中选择"创建补间动画"→单击"3D 旋转工具"→将旋转中心点拖放到矩形左边框。

⑨ 右击第 40 帧,在弹出的快捷菜单中选择"插入关键帧"→"旋转"菜单项,单击第 40 帧→用 3D 旋转工具单击实例→向下拖动右边 y 轴(见图 4-36 的左图)→右击第 60 帧,在弹出的快捷菜单中选择"插入关键帧"→"旋转"菜单项,单击第 60 帧→用 3D 旋转工具单击实例→向下拖动右边 y 轴(见图 4-36 的中图)→右击第 80 帧,在弹出的快捷菜单中选择"插入关键帧"→"旋转"菜单项,单击第 80 帧→用 3D 旋转工具单击实例→向下拖动右边 y 轴(见图 4-36 的右图)→在第 100 帧插入帧。

⑩ 测试影片,动画显示两扇门打开的效果。

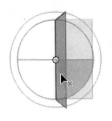 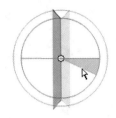 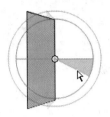

图 4-36 制作左门打开

思考题与上机练习题四

1. 思考题

(1) 引导层和传统运动引导层中的内容是否会在影片中显示?
(2) 遮罩技术的本质是什么?
(3) 为什么遮罩层中不同颜色的图形遮罩效果都一样?
(4) 场景的作用是什么?
(5) 3D 工具面向的对象类型是什么?只能在什么模式下使用?
(6) 骨骼工具的作用对象有哪些?

2. 上机练习题

(1) 制作动画,小球从山上弹跳着滚下。
(2) 制作动画,探照灯沿舞台四周扫一圈后移到舞台中心,放大定格。
(3) 制作动画,2 只蝴蝶在花丛中飞。
(4) 用 3 个场景实现 3 种不同的图像切换。
(5) 用 4 个场景,分别制作春、夏、秋、冬效果。
(6) 用骨骼工具画出虫子爬行的效果。

第 5 章 元件与实例

第 5 章程序

制作和编辑动画时,经常有重复出现的对象,如果用复制粘贴的方法,会使文件变得很大,影响在网上的播放。Flash 把需要重复出现的对象做成元件保存在库中,使用该对象时只要从"库"面板拖到舞台即可。元件可以重复使用,不增加文件的大小,从而使动画在网上下载迅速,并且播放流畅。

5.1 认识元件

5.1.1 元件和实例

元件是 Flash 中一种特殊组件,被命名后存放在库中,其最大的特点是可以重复使用。图片、文字、声音、视频和动画都可以转换成元件存放在库里,每个元件都有其独立的时间轴和图层。

实例是把元件从库中拖到舞台后所产生的元件副本。实例具有元件的一切特点,使用时可以根据需要对实例进行修改,而且修改实例不会影响元件。

Flash 提供了公用库,里面存放了许多小巧且实用的各类元件。

5.1.2 元件特点

Flash 的元件有如下特点:
① 一个元件可以创建多个实例,系统只计算一个实例的大小。
② 每个元件都可以有自己的时间轴、场景和图层。
③ 元件的编辑窗口中心位置有十字星,该位置是对象的坐标原点。
④ 无论由同一个元件产生多少实例,浏览动画时都只需下载一次。
⑤ 修改元件,所有该元件的实例都会改变。修改实例,不影响元件和该元件生成的其他实例。

5.1.3 元件类型

Flash 的元件类型有 3 种:图形元件、影片剪辑元件和按钮元件。

1. 图形元件

图形元件包括静态图形元件和动态图形元件两种,静态图形元件的实例仍然显示静态效果,而动态图形元件的实例则显示动态效果,但需要在主电影的时间轴给予足够的帧数,也就是说,动态图形元件的实例与主电影的时间轴密切相关。

动态图形元件在"库"面板的元件显示窗口带有播放按钮,单击播放按钮可以预览元件的动画效果。

图形元件在库中的标志图标为 ▨ ，如图 5-1 所示。

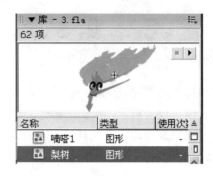

图 5-1 静态图形元件和动态图形元件

2．影片剪辑元件

影片剪辑元件是可以重复使用的动画片段，影片剪辑元件中可以包括交互性控制、声音和其他各种元件的实例。

影片剪辑元件在"库"面板的元件显示窗口带有播放按钮，单击播放按钮可以预览元件的动画效果。影片剪辑元件的实例独立于主电影的时间轴，只需要主电影时间轴的一个关键帧就能播放影片剪辑元件的全部内容。

影片剪辑元件在库中的标志图标为 ▨ ，如图 5-2 所示。

3．按钮元件

按钮元件用于创建动画的交互性，响应标准的鼠标事件，如鼠标单击、鼠标移动。一个按钮元件仅由 4 个关键帧组成，这 4 个关键帧代表按钮的 4 种状态：弹起、指针经过、按下和单击，动画播放时前 3 个关键帧的内容可见，第 4 个关键帧的内容不可见，是透明的。第 4 个关键帧的内容只起到定义按钮"热区"的作用。

按钮的交互功能用脚本设定，脚本把动作分配给按钮元件的实例，动画就有了交互。

按钮元件在"库"面板的元件显示窗口带有播放按钮，单击播放按钮可以预览按钮元件的动画效果。

按钮元件在库中的标志图标为 ▨ ，如图 5-3 所示。

图 5-2 影片剪辑元件　　　　　　　　　图 5-3 按钮元件

5.2 创建元件

元件在元件编辑窗口制作和修改,元件编辑窗口中心有一个黑色十字,标注了元件编辑窗口的中心位置,称为注册点。注册点类似于坐标原点。如果制作元件时定义元件坐标为(0,0),则黑色十字位于元件左上方。

5.2.1 创建元件的几种方法

1. 把选取的对象转换为元件

选取舞台中的对象,选择"修改"→"转换为元件"菜单项,在对话框中选择元件类型→给元件起名→单击"确定"按钮。

2. 创建新元件

选择"插入"→"新建元件"菜单项,在对话框中选择元件类型→给元件起名→单击"确定"按钮→在元件编辑窗口中制作元件→单击场景名(在舞台窗口左上角)结束元件制作。

3. 将导入的对象作为元件

选择"文件"→"导入"→"导入到库"菜单项,选取要导入的文件→单击"打开"按钮,在"库"面板中会看到导入的对象。

① 如果导入的是 SWF 文件或 GIF 动画文件,则在库中作为影片剪辑元件。
② 如果导入的是图像,则在库中作为位图,位图经过转换成为图形元件。
③ 无论动画还是图像,导入后经过转换都可以成为按钮元件或影片剪辑元件。

5.2.2 创建图形元件

创建图形元件包括:新建静态图形元件,把舞台中的图形转换为图形元件,将导入的图像转换为图形元件,新建动态图形元件。

下面用几个实例来介绍如何创建图形元件。

1. 新建静态图形元件

例 5-1 新建静态图形元件"花"

操作步骤如下:

① 选择"插入"→"新建元件"菜单项,在对话框中为元件起名为"花"→选元件类型为"图形"→单击"确定"按钮。"创建新元件"对话框如图 5-4 所示。

图 5-4 "创建新元件"对话框

② 以注册点为中心在元件编辑窗口制作"花"的图形→单击场景名结束元件制作。
③ 打开"库"面板,可以看到新建的静态图形元件"花",如图 5-5 所示。

2. 把舞台中的图形转换为图形元件

例 5-2　把舞台中的图形转换为图形元件

操作步骤如下:
① 在舞台中画一个圆→选取圆,选择"修改"→"转换成元件"菜单项。
② 在对话框中给元件起名为"圆"→类型选择"图形"→单击"确定"按钮。
③ 打开"库"面板,可以看到由图形转换而成的静态图形元件。

3. 把导入的位图转换为图形元件

例 5-3　把导入的位图转换为图形元件

操作步骤如下:
① 选择"文件"→"导入"→"导入到舞台"菜单项,在本地机中选取图像→单击"打开"按钮。图像同时显示在舞台和库中,库中显示的类型为"位图"。
② 选取舞台中的图像,选择"修改"→"转换为元件"菜单项,在本地机中类型选择"图形"→给图形元件起名为 cat。
③ 打开"库"面板,"库"面板中有一个位图和一个图形元件,如图 5-6 所示。

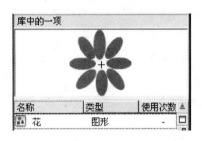

图 5-5　新建静态图形元件

图 5-6　把导入的位图转换为图形元件

4. 新建动态图形元件

例 5-4　新建动态图形元件

操作步骤如下:
① 选择"插入"→"新建元件"菜单项,在对话框中为元件起名为"种子发芽"→元件类型选择"图形"→单击"确定"按钮。
② 以注册点为圆心在第 1 帧中画土黄色(♯FFCC00)无边框椭圆→用刷子工具画一条绿色短线→在第 5 帧插入关键帧→画第 2 条绿色短线比第 1 条稍长→使第 1 条短线与第 2 条等长。
③ 在第 10 帧插入关键帧→画第 3 条绿色短线比其他两条稍长→并使前两条短线与第 3 条等长。
④ 在第 15 帧插入关键帧→将 3 条短线加长→在第 20 帧插入关键帧。制作过程的时间轴如图 5-7 所示。
⑤ 单击场景名结束元件制作→打开"库"面板,可以看到动态图形元件的显示窗口有播放

按钮,如图 5-8 所示。

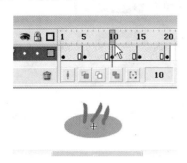

图 5-7 制作动态图形元件的时间轴

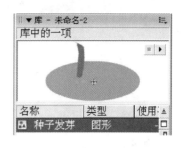

图 5-8 动态图形元件

5.2.3 创建影片剪辑元件

创建影片剪辑元件包括:导入动画文件作为影片剪辑元件,新建影片剪辑元件,用动画内容制作影片剪辑元件。

下面用几个实例来介绍如何创建影片剪辑元件。

1. 导入动画文件作为影片剪辑元件

例 5-5 影片剪辑元件"火柴人"

操作步骤如下:

① 选择"文件"→"导入"→"导入到库"菜单项,选取"例 3-4 火柴人.swf"→单击"打开"按钮。

② 打开"库"面板,看到导入的动画文件成为影片剪辑元件,如图 5-9 所示。

说明:本例用导入的动画文件制作影片剪辑元件,导入的动画文件格式可以是 SWF 格式或 GIF 格式。

2. 新建影片剪辑元件

例 5-6 影片剪辑元件"海燕"

图 5-9 导入动画文件作为影片剪辑元件

操作步骤如下:

① 选择"插入"→"新建元件"菜单项,类型选择"影片剪辑"→名称为"海燕"。

② 前 5 个关键帧用黑色笔刷工具在注册点附近绘制 5 个图形,如图 5-10 所示。

图 5-10 制作 5 个图形

③ 在第 6 帧插入空白关键帧→复制粘贴第 1 个图形→在第 10 帧插入帧→单击场景名结束元件编辑。影片剪辑的时间轴如图 5-11 所示。

图 5-11 影片剪辑的时间轴

④ 在"库"面板中单击"海燕"元件→单击元件显示窗口的播放按钮→观看效果。

说明：本例的影片剪辑元件用帧-帧动画制作。

3. 用动画内容制作影片剪辑元件

例 5-7 影片剪辑元件"水波"

操作步骤如下：

① 打开动画文件"例 3-7 雨点.fla"，选择"插入"→"新建元件"菜单项，在对话框中给元件起名为"水波"→类型选择"影片剪辑"→单击"确定"按钮，进入元件编辑模式。

② 单击"编辑场景"按钮→单击一个场景名（切换到该场景编辑）→选中图层 1 的全部帧→右击选中的帧→在弹出的快捷菜单中选择"复制帧"。切换到场景编辑，如图 5-12 所示。

③ 单击"编辑元件"按钮→单击元件名（切换到该元件编辑）→右击图层 1 的第 1 帧→在弹出的快捷菜单中选择"粘贴帧"，本操作将场景图层 1 的帧全部粘贴到元件图层 1 中。切换到元件编辑，如图 5-13 所示。

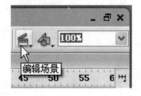   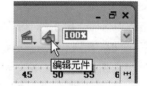

图 5-12 切换到场景编辑   图 5-13 切换到元件编辑

④ 切换到场景编辑→单击图层 2→选取图层 2 所有帧→右击选中的帧→在弹出的快捷菜单中选择"复制帧"→切换到元件编辑→新建图层 2→右击图层 2 的第 1 帧→在弹出的快捷菜单中选择"粘贴帧"。

⑤ 依次做下去直到复制完所有图层→删除复制过程中产生的多余帧格→结束元件编辑。

⑥ 在"库"面板中单击"水波"元件→单击元件显示窗口的播放按钮→观看效果。

说明：本例采用了逐个复制粘贴图层的方法，还可以一次性地复制粘贴多个图层。

5.2.4 创建按钮元件

创建按钮元件包括：新建按钮元件，将舞台中的图形对象转换为按钮元件，将导入的位图转换为按钮元件，制作透明按钮等。

1. 按钮的 4 个帧

按钮元件的时间轴只有 4 个帧，依次为弹起、指针经过、按下、点击。第 1 个帧自动是关键帧，编辑其余的帧之前要先插入关键帧。

注意:按钮的效果一定要用测试影片命令(即 Ctrl+Enter 快捷键)来测试,使用播放命令(即 Enter 键)无效。

"弹起"帧,是鼠标没有接触按钮时的按钮状态,可使用绘图工具、图形元件的实例或影片剪辑元件的实例制作按钮外观。

"指针经过"帧,是鼠标移到按钮上但没有按下时的按钮状态。插入关键帧,改变或重新制作一个图像,作为被触摸时的按钮外观。

"按下"帧,是按钮被按下时的按钮状态。插入关键帧,改变或重新制作一个图像,作为按下时的按钮外观。

"点击"帧,用来定义响应鼠标的"热区",动画播放时当鼠标移到该区域,就会变为手掌形。在"点击"帧画一个单色区域即可,因为"点击"帧中的图形在动画播放中不显示。通常用前一帧的图形范围作为"点击"帧的默认热区范围。

说明:按钮的 4 个帧不一定都编辑,如果前 3 个帧都空着,只编辑"点击"帧,那么制作的按钮是隐形的,只有热区,看不到按钮形状,被称为"透明按钮"。

下面用几个实例来介绍如何创建按钮元件。

2. 新建按钮元件

例 5-8 红按钮

操作步骤如下:

① 选择"插入"→"新建元件"菜单项,在对话框中给元件起名为"红按钮"→类型选择"按钮"→单击"确定"按钮。

② 单击"弹起"帧→用椭圆工具画无轮廓线粉红色的圆→选中圆→在"属性"面板中定义圆的宽和高都是 60→定义圆的 x 坐标和 y 坐标都是-30。"弹起"是按钮的平常状态,如图 5-14 所示。

③ 在"指针经过"帧插入关键帧→选中圆→填充红色,当鼠标移到按钮上方时,按钮会变为红色。

④ 在"按下"帧插入关键帧→选中圆→填充蓝色→在"属性"面板中定义圆的宽和高都是 50→定义圆的 x 坐标和 y 坐标都是-25。当按钮按下去时圆会缩小,同时颜色变为蓝色。

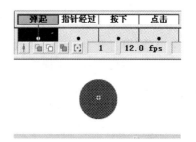

图 5-14 编辑"弹起"帧

⑤ 在"点击"帧插入空白关键帧→复制"弹起"帧的圆→粘贴到"点击"帧当前位置。"点击"帧热区大小与"弹起"帧的圆相同。

⑥ 单击场景名结束按钮元件的编辑→将按钮拖入舞台→测试影片→单击按钮测试一下效果。

3. 用导入的位图制作按钮元件

例 5-9 图片按钮

操作步骤如下:

① 导入 3 张相同大小的图片到库。

② 新建按钮元件→从库中将图片 1 拖入"弹起"帧→定义图片坐标为(0,0)→在"指针经

过"帧插入空白关键帧→拖入图片 2→定义图片坐标为(0,0)→在"按下"帧插入空白关键帧→拖入图片 3→定义图片坐标为(0,0),如图 5-15 所示。

③ 在"点击"帧插入空白关键帧→画一个与图片相同大小的无边框蓝色矩形(图片大小可以在"属性"面板中查看)→矩形坐标为(0,0)。该矩形区域作为热区。

④ 单击场景名结束元件制作→将图片按钮拖入舞台→测试影片。当鼠标移到按钮上时,按钮的外观是第 2 个图形,如图 5-16 所示。

图 5-15　在 3 个帧导入 3 张图片　　　　　图 5-16　用图片做按钮外观

5.3　使用"库"面板

库是元件的载体,也是素材的集合,使用库可以让很多重复操作变得简单,还能在多个动画文档之间共享元件和其他素材。

5.3.1　认识库

Flash 的库分为两种:专用库和公用库。选择"窗口"→"库"菜单项,可打开专用库。多数情况下,我们称专用库为"库"。选择"窗口"→"公用库"菜单项,可打开公用库。

专用库包含当前动画的所有元件、位图、声音、视频等对象;公用库包含系统提供的对象,包括按钮和类。

"库"面板显示元件、位图组件等素材的列表,在"库"面板中可以对元件位图、组件等素材进行多种操作。图 5-17 所示是一个动画的"库"面板,显示了该动画里素材的列表。

图 5-17　"库"面板元件列表区

5.3.2　在"库"面板中操作元件

在"库"面板中对元件的操作主要有:编辑元件、给元件重命名、复制元件、删除元件等。

"库"面板左下方有 4 个按钮,从左到右依次为新建元件、新建文件夹、属性和删除,单击一个按钮可以完成相应操作。

1. 编辑元件

在"库"面板中双击一个元件的图标就进入了元件编辑窗口,单击场景名结束元件编辑。

2. 给元件重命名

在"库"面板中双击一个元件的名称→输入新名,即可完成元件的重命名。

3. 复制元件

在"库"面板中右击一个元件名→在弹出的快捷菜单中选择"直接复制"→在对话框中设置新元件的名称和类型→单击"确定"按钮。"直接复制元件"对话框如图 5-18 所示。

图 5-18 "直接复制元件"对话框

4. 删除元件

删除元件可以用以下几种方法：

① 选中一个元件→按 Delete 键。
② 右击一个元件→在弹出的快捷菜单中选择"删除"。
③ 选中一个元件→单击"库"面板下方的"删除"按钮。

5. 使用"库"面板的下拉菜单

单击"库"面板右上角的选项按钮打开下拉菜单，下拉菜单提供了许多关于元件的操作命令，大部分元件操作可以在此找到相应命令。"库"面板的下拉菜单如图 5-19 所示。

6. 使用快捷菜单

元件的复制、删除和重命名等基本操作使用快捷菜单更为方便，右击一个元件，在弹出的快捷菜单中选择取相应的命令即可。元件操作的快捷菜单如图 5-20 所示。

图 5-19 "库"面板的下拉菜单

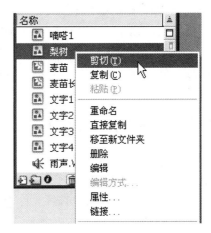

图 5-20 元件操作的快捷菜单

7. 建立元件文件夹

元件文件夹用来组织元件，将元件分类存放，便于元件的使用和管理，以及高效准确地找到素材。Flash 支持文件夹的嵌套。

建立元件文件夹可以使用如下两种方法。

方法 1：单击"库"面板的"新建文件夹"按钮→为文件夹起名→拖动相关素材到文件夹图标上→用 Shift 键选取多个相关素材→拖动到文件夹图标上→双击文件夹图标将其展开→查看素材文件夹中的素材→再次双击文件夹图标可以将其折叠起来。

方法 2：在"库"面板中右击选取的素材→在弹出的快捷菜单中选择"移至"→在对话框中选"新建文件夹"→为新文件夹起名→单击"选择"按钮。选取的素材被移到"库"面板新建的文件夹中。

8．更改元件类型

元件类型不是固定不变的，可以根据需要更改元件的类型，有以下两种方法。

方法 1：右击一个元件→在弹出的快捷菜单中选择"属性"→在"元件属性"对话框中选所需类型→单击"确定"按钮。

方法 2：选取一个元件→单击"库"面板下方的"属性"按钮→在"元件属性"对话框中选所需的类型→单击"确定"按钮。

"元件属性"对话框如图 5-21 所示。

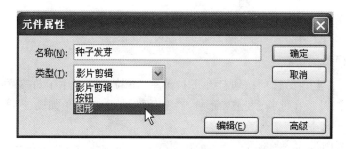

图 5-21 "元件属性"对话框

9．将元件移到指定文件夹

方法 1：在"库"面板中将元件拖放到文件夹图标上。

方法 2：在"库"面板中选取元件（按住 Shift 键单击可选取多个元件）→右击选取的元件→在弹出的快捷菜单中选择"移至"→在对话框中选择"现有文件夹"→单击某个文件夹的名字→单击"选择"按钮。

5.3.3　用"库"面板共享其他动画库中的资源

Flash 支持多文档操作，可以同时打开多个动画文档，每个打开的动画文档都可以方便地使用其他动画中的元件、位图、声音等，通过"库"面板实现资源共享。

例如，在新文档中想使用"蜜蜂"元件和"燕子"元件，可以用以下方法实现：

① 新建文档→打开"例 3-14 小蜜蜂.fla"→打开"实验 3-4 小燕子.fla"。

② 在动画编辑窗口单击新文档名，该文档成为当前文档。

③ 打开新文档的"库"面板→单击文档名称下拉列表框右边的下三角按钮，下拉列表中将显示所有打开的动画文档名，如图 5-22 所示。

④ 单击"例 3-14 小蜜蜂"→把该动画的元件拖到舞台中→利用同样的方法单击"实验 3-4 小燕子"→把该动画的元件拖到舞台中，从两个不同动画文档拖进舞台的元件都成为当前文档的元件。当前文档的"库"面板如图 5-23 所示。

图 5-22 "库"面板中显示所有打开的文档

图 5-23 当前文档的"库"面板

5.4 使用元件的实例

将元件从库拖到舞台就生成该元件的一个实例,对实例可以进行选取、复制、移动、删除、变形、组合和分离等各种操作。用实例可以制作丰富多彩的动画效果,是动画制作的主要方法。

5.4.1 实例与元件的关系

实例由元件生成,一个元件可以生成多个实例,实例彼此之间相互独立。如果修改元件,则所有该元件的实例都随之改变。

每个实例都有自己的属性,这些属性独立于元件。修改一个实例,既不会影响该实例的元件,也不会影响同一个元件的其他实例。

单击一个实例对象,实例上会显示注册点(黑色十字)和中心点(空心圆圈),注册点是实例位置的参考点,定义实例坐标就是定义实例注册点位置。中心点是实例变形的参考点,实例变形以中心点为中心进行,拖动中心点到实例的一角,旋转实例时就会以实例的一角为圆心。实例的注册点和中心点如图 5-24 所示。

图 5-24 实例的注册点和中心点

双击实例就会进入元件编辑,可以修改元件的坐标,这样会改变实例与注册点的相对位置。

如果在交互动画的脚本中使用实例,则需在"属性"面板中为实例起一个名字,因为只有为实例命名以后,才能执行实例的脚本。

1. 修改实例不影响元件

下面的例子验证了"修改实例不影响元件"的结论。

例 5-10 修改实例

操作步骤如下:

① 选择"文件"→"导入"→"导入到舞台"菜单项,选取图形文件"猫.jpg",图形文件显示在舞台,并作为位图显示在库中。

② 选取舞台中的对象→将对象转换为图形元件→为元件起名为 cat，舞台中的对象成为 cat 元件的实例，库中也有了名为 cat 的图形元件。

③ 选取实例，选择"修改"→"变形"→"水平翻转"菜单项，选取水平翻转后的实例→用任意变形工具将实例倾斜。

④ 从"库"面板向舞台拖入 cat 元件，生成该元件的第 2 个实例，可以看到刚才的翻转和倾斜操作对元件并没有影响。

⑤ 选取第 2 个实例，选择"修改"→"分离"菜单项，用刷子工具在分离后的图形上画线，观察元件和元件的其他实例，就会发现它们都不受影响，如图 5-25 所示。

图 5-25 修改实例不影响元件和其他实例

说明：按住 Alt 键，可以用任意变形工具单方向修改实例大小。如果单纯用任意变形工具修改实例大小，那么拖动鼠标时实例会双向扩展。

2. 修改元件影响该元件的所有实例

下面的例子验证了"修改元件影响该元件的所有实例"的结论。

例 5-11 修改元件

操作步骤如下：

① 在舞台中生成图形元件 cat 的两个实例→对其中一个实例做水平翻转和倾斜。

② 在"库"面板中双击 cat 元件进入元件编辑窗口→做分离操作→用橡皮工具和刷子工具改动猫尾巴的形状→单击场景名结束元件的编辑。

③ 观察舞台中的实例，就会发现每个实例都有了相同的改变，这说明修改元件会影响该元件的所有实例，如图 5-26 所示。

图 5-26 修改元件会影响该元件的所有实例

5.4.2 创建和使用动态图形元件的实例

动态图形元件由多个帧组成,其实例与主电影的时间轴密切相关,如果直接将动态图形元件拖入舞台,而主电影时间轴只有一个帧,那么测试影片时就会发现实例没有动态效果。所以,要在主电影时间轴给予足够的帧,动态图形元件的实例才能在舞台"动"起来。

1. 创建动态图形元件的实例

下面的例子将使动态图形元件在主电影中动起来。

例 5-12　动态图形元件练习

动画播放时,一只鸟在舞台中飞。

操作步骤如下:

① 打开"例 5-12 动态图形元件练习.fla"→打开"库"面板→双击动态图形元件 bird 进入元件编辑状态→在元件的编辑窗口中会观察到该元件有 8 个帧,如图 5-27 所示。

② 单击场景名回到主电影编辑→将元件拖入舞台→测试动画效果,元件实例保持第 1 个动作状态不变。

③ 在第 8 帧插入关键帧或插入帧→拖动鼠标观看实例的效果,动态图形元件实例的各个动作都能显示出来,如图 5-28 所示。

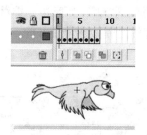 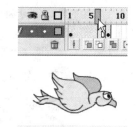

图 5-27　动态图形元件有 8 个帧　　　图 5-28　动态图形元件的实例

说明:区分元件编辑和场景编辑只要观察编辑窗口是否有十字形的注册点即可,有注册点的是元件编辑,没有注册点的是场景编辑。

2. 使用图形元件

下面的例子将用动态图形元件制作画轴展开的效果。

例 5-13　画　轴

动画播放时,画轴逐渐向右展开,使图片慢慢显示出来。

操作步骤如下:

① 新建图形元件"画轴 1"→制作宽和高分别为 30 和 240 的无轮廓线矩形→用线性填充(中间白色,两端颜色为浅绿色(#99CC99))→坐标为(-15,-120)→再画两个黑色小矩形分别放在矩形两端。"画轴 1"是静态图形元件。

② 新建图形元件"画轴 2"→复制"画轴 1"的图形→粘贴到当前位置→绘制白色无轮廓线矩形→宽和高分别为 260 和 500→将矩形放在画轴右边→在第 3 帧插入关键帧→用渐变变形工具将画轴线性填充的中间白色部分向右移动一点儿→在第 5 帧插入帧。"画轴 2"是动态图

形元件。画轴 1 和画轴 2 如图 5-29 所示。

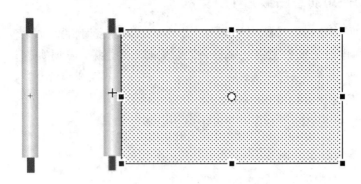

图 5-29 画轴 1 和画轴 2

③ 单击场景名回到主电影→将图层 1 改名为"矩形框"→画无轮廓线的矩形→矩形的填充色为蓝绿色(♯669999)→宽和高分别为 240 和 550→坐标为(0,80)→在第 60 帧插入帧。

④ 新建图层→改名为"山水图"→导入位图到舞台→调整位图的宽和高分别为 200 和 400→位图坐标为(75,100)→在第 60 帧插入帧。

⑤ 新建图层→改名为"画轴 1"→将元件"画轴 1"拖放到矩形左边→与矩形对齐→在第 60 帧插入帧。

⑥ 新建图层→改名为"画轴 2"→将元件"画轴 2"拖放到"画轴 1"旁边并排对齐→在第 40 帧插入关键帧→将"画轴 2"拖放到矩形右边→在两个关键帧之间创建传统补间。

⑦ 在"画轴 2"层的第 41 帧插入空白关键帧→拖入"画轴 1"使之完全遮盖"画轴 2"的轴→在第 60 帧插入帧。"画轴"的时间轴如图 5-30 所示。

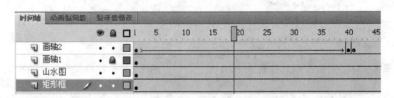

图 5-30 "画轴"的时间轴

说明：用"画轴 1"覆盖"画轴 2"是为了遮挡"画轴 2"的动态效果。

⑧ 测试影片，画轴慢慢向右展开，直至图像完全显示，如图 5-31 所示。

说明：采用类似方法，也可以让画轴从上向下展开，或从中间向两边展开。

图 5-31 画轴慢慢向右展开

5.4.3 创建和使用影片剪辑元件

从库中将影片剪辑元件拖入舞台，就创建了该元件的一个实例。影片剪辑本身就是一个小动画，它有自己独立的时间轴，独立于主电影，即使主电影时间轴只有一个关键帧，播放的也是一个完整的动画。如果同一关键帧有几个实例，则几个实例将同时播放。

1. 创建影片剪辑元件的实例

下面的例子展示了影片剪辑实例独立于主电影时间轴的特性。

例 5-14 影片剪辑实例水波

动画播放时,舞台上同时出现 5 个水波。

操作步骤如下:

① 建立影片剪辑元件"水波纹"(参照本章例 5-7)。

② 设置文档背景色为淡蓝色→从"库"面板向第 1 帧的舞台拖入 5 次影片剪辑元件"水波纹"→调整 5 个元件实例的大小和位置。

③ 测试影片,5 个影片剪辑实例一块播放,如图 5-32 所示。

④ 新建图层 2→单击第 1 帧→向舞台导入位图→调整位图大小和坐标使其正好覆盖舞台→移动图层 2 到图层 1 的下面(图层 2 的位图成为背景图)→测试影片。

说明:本例中的主电影时间轴只有一个帧,却能同时播放 5 个影片剪辑。

2. 使用影片剪辑元件

下面的例子将用影片剪辑元件实例制作火柴人向前跑的动画效果。

例 5-15 火柴人跑步

动画播放时,火柴人从右向左跑。

操作步骤如下:

① 新建影片剪辑元件"火柴人"→打开"例 3-4 火柴人.fla"→用复制帧和粘贴帧的方法把"例 3-4 火柴人.fla"的时间轴粘贴到影片剪辑元件的时间轴中。

② 单击场景名回到主电影→将图层 1 改名为"背景"→导入位图到舞台→调整位图大小和坐标使其正好覆盖舞台→在第 40 帧插入帧。

③ 新建图层→将图层改名为"小人"→将影片剪辑元件"火柴人"拖放到舞台右边→在第 40 帧插入关键帧→将舞台右边的实例拖放到舞台左边→在两个关键帧之间创建传统补间。

④ 测试影片,火柴人从舞台右边跑到舞台左边,如图 5-33 所示。

图 5-32 5 个影片剪辑实例一块播放

图 5-33 火柴人跑步

5.4.4 改变实例的类型

改变实例的类型只影响该实例本身,与实例相关的元件仍然保持原来的类型不变。

改变实例类型的方法是:选取舞台中的实例→在"属性"面板的类型下拉列表框中选一个

新的类型,如图 5-34 所示。

如果用"分离"命令将实例变为普通形状,那么分离后的对象不再有元件的特性。

5.4.5 替换实例

如果需要将动画中某个元件的实例全部替换为另一个元件的实例,并且将之前的属性和补间同

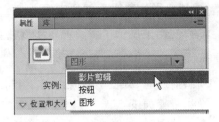

图 5-34 改变实例的类型

样应用到新实例上,那么用系统提供的"交换元件"方法就可以轻松完成。

下面的例子介绍交换元件的方法。

例 5-16 元件替换

操作步骤如下:

① 新建文档→用制作、导入或共享方法在库中放两个类型相同的元件,本例将"小鸟"和"海燕"两个元件放入新文档中。

② 用传统运动引导层设置"小鸟"实例从左飞到右→测试影片。

③ 单击第 1 帧中的"小鸟"实例→单击"属性"面板中的"交换元件"按钮→在"交换元件"对话框中单击"海燕"元件→单击"确定"按钮→调整实例大小和方向。

图 5-35 "交换元件"对话框

④ 单击运动终止处的关键帧→利用同样的方法替换实例→调整实例大小和方向,动画中的"小鸟"实例被"海燕"实例替换。"交换元件"对话框如图 5-35 所示。

⑤ 测试影片,一只"海燕"沿同样的路径从左飞到右。这说明"小鸟"实例的补间被应用到"海燕"实例上,更改实例后没有影响动画的定义。

5.4.6 调整实例的颜色属性

实例的颜色属性包括亮度、色调、透明度和高级调整,这是普通图形所没有的。位图需要转换为元件,才能定义透明度这样的属性。

1. 调整实例的亮度

亮度用来调整实例的明暗,范围是 -100%～100%,正数为亮,负数为暗,最亮到白色,最暗到黑色。调整方法如下:

① 在舞台选取元件实例→在"属性"面板的"样式"下拉列表框中选择"亮度",如图 5-36 所示。

② 拖动亮度滑块或直接输入一个数值,实例的亮度将随之改变。

调整实例的亮度如图 5-37 所示。

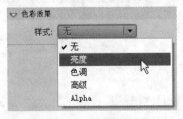

图 5-36 选择"亮度"

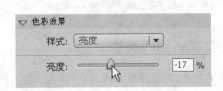

图 5-37 调整实例的亮度

2. 调整实例的色调

色调指的是图像色彩外观的总体倾向,是大的色彩效果,如冷色调和暖色调。调整色调就是通过改变各颜色的使用量来改变对象的色彩。

在"属性"面板的"色彩效果"中选取"色调"后,系统将提供几个与色调有关的选项,取值范围都是 0～255。实例会根据不同的颜色配比显示不同的颜色。

调整实例的色调如图 5-38 所示。

图 5-38 调整实例的色调

3. 调整实例的透明度

透明度是指对象透光的程度,用 Alpha 值表示。Alpha 值的范围是 0～100%,当 Alpha 值为 0 时,对象完全透明;当 Alpha 值为 100% 时,对象保持原来的颜色。使用时可以通过拖动滑块或直接输入数值来控制 Alpha 值,从而创建透明或半透明的对象。调整实例的透明度如图 5-39 所示。

4. 实例颜色的高级调整

实例颜色的高级调整综合了色调和透明度的功能,可以在一个界面中同时完成多项任务。实例颜色的高级调整如图 5-40 所示。

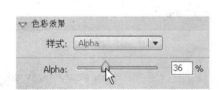

图 5-39 调整实例的透明度　　　图 5-40 实例颜色的高级调整

例 5-17 焰火

动画播放时,天空出现焰火,稍后消失。

操作步骤如下:

① 新建图形元件"焰火"→笔触色为红色→笔触大小为 1→用线条工具画线条→用复制、旋转和移动线条方法制作出焰火形状→把焰火形状变为图形元件→在"属性"面板中定义元件的大小为 100×100→定义元件坐标为(-50,-50)。焰火形状如图 5-41 所示。

② 单击场景名回到主电影→将图层 1 改名为"背景"→导入位图到舞台→调整位图的大小和坐标使其正好覆盖舞台→在第 40 帧插入帧。

图 5-41 焰火形状

③ 新建图层→将图层改名为"焰火 1"→单击第 1 帧→将图形元件"焰火"拖放到合适位置→在"属性"面板中定义色调、红、绿、蓝分别为 100、255、255、0→缩小实例大小到 20×20→在第 12 帧插入关键帧→放大实例大小到 110×110→在两个关键帧之间创建传统补间→在第 17 帧插

入关键帧→选中第 17 帧中的实例→在"属性"面板的"色彩效果"中选 Alpha→设置 Alpha 值为 0 (完全透明)→在两个关键帧之间创建传统补间。在第 17 帧中的实例完全透明,实现了消失的效果。

说明:色调、红、绿、蓝分别为 100、255、255、0,实例是黄色。

④ 新建图层→将图层改名为"焰火 2"→在第 5 帧插入关键帧→将图形元件"焰火"拖放到合适位置→在"属性"面板中定义色调、红、绿、蓝分别为 100、255、0、255→缩小实例大小到 20×20→在第 17 帧插入关键帧→放大实例大小到 110×110→在两个关键帧之间创建传统补间→在第 22 帧插入关键帧→选中第 22 帧的实例→在"属性"面板中定义 Alpha 值为 0→在两个关键帧之间创建传统补间。

说明:色调、红、绿、蓝分别为 100、255、0、255,实例是粉红色。

⑤ 新建图层→将图层改名为"焰火 3"→在第 8 帧插入关键帧→将图形元件"焰火"拖放到合适位置→在"属性"面板中定义色调、红、绿、蓝分别为 100、0、255、255→缩小实例大小到 20×20→在第 20 帧插入关键帧→放大实例大小到 110×110→在两个关键帧之间创建传统补间→在第 25 帧插入关键帧→选中第 25 帧的实例→在"属性"面板中定义 Alpha 值为 0→在两个关键帧之间创建传统补间。

说明:色调、红、绿、蓝分别为 100、0、255、255,实例是蓝色。

⑥ 新建图层→将图层改名为"焰火 4"→在第 11 帧插入关键帧→将图形元件"焰火"拖放到合适位置→在"属性"面板中定义色调、红、绿、蓝分别为 100、0、255、0→缩小实例大小到 20×20→在第 23 帧插入关键帧→放大实例大小到 110×110→在两个关键帧之间创建传统补间→在第 29 帧插入关键帧→选中第 29 帧的实例→在"属性"面板中定义 Alpha 值为 0→在两个关键帧之间创建传统补间。

说明:色调、红、绿、蓝分别为 100、0、255、0,实例是绿色。

"焰火"的时间轴如图 5-42 所示。

⑦ 测试影片,效果如图 5-43 所示。

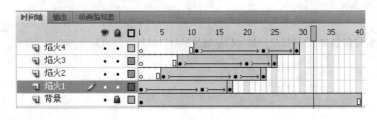
图 5-42 "焰火"的时间轴

图 5-43 焰火

说明:本例练习了用色调改变实例颜色的方法。

5.5 上机实验 用元件制作动画

5.5.1 实验 1——下雪

1. 实验目的

制作影片剪辑元件"雪花",表现出许多雪花从天空飘落下来的效果。通过本实验,进一步了解元件的使用方法。实验最终效果如图 5-44 所示。

2. 具体要求

① 制作图形元件"雪花"。

② 用传统运动引导层创建"雪花落下"影片剪辑。

③ 用多个影片剪辑实例制作下雪效果。

3. 操作步骤

① 新建文档→定义文档背景色为灰色

图 5-44 下 雪

(♯999999)→单击图层 1 的第 1 帧→导入背景图片→设置位图大小和坐标使其正好覆盖舞台→将图片转为图形元件→在"属性"面板中将图片亮度调暗→在第 40 帧插入帧。

② 新建图形元件"雪花"→用线条工具绘制白色雪花的形状→定义形状大小为 50×50→坐标为(-25,-25)→单击场景名结束元件制作,图形元件"雪花"如图 5-45 所示。

③ 新建影片剪辑元件"雪花落下"→将图形元件"雪花"拖放到元件编辑区→右击图层 1→在弹出的快捷菜单中选择"添加传统运动引导层"→用铅笔工具在传统运动引导层的第 1 帧从上往下画一条弯曲的运动引导路径→单击图层 1 的第 1 帧→将"雪花"元件拖放到引导线的上端→按下工具栏中的"贴紧至对象"按钮。运动引导路径如图 5-46 所示。

图 5-45 图形元件"雪花"

图 5-46 运动引导路径

④ 在传统运动引导层的第 40 帧插入帧→在图层 1 的第 40 帧插入关键帧→单击图层 1 的第 40 帧→将"雪花"元件拖放到引导线的下端→在两个关键帧之间创建传统补间→单击场景名结束影片剪辑元件的制作。本操作使图形元件"雪花"沿弯曲路径从上向下运动。

⑤ 在主电影时间轴新建图层 2→多次从库中拖放影片剪辑"雪花落下"到舞台上方→将几个实例分开排放→在第 40 帧插入帧。

⑥ 新建图层 3→在第 7 帧插入关键帧→多次拖放影片剪辑"雪花落下"到舞台上方→在第 40 帧插入帧→类似操作下去→直到图层 6。"下雪"的时间轴如图 5-47 所示。

⑦ 测试影片,天空中许多雪花纷纷飘落。

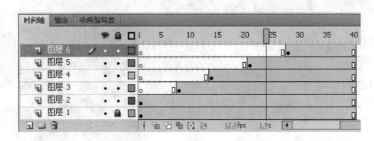

图 5-47 "下雪"的时间轴

5.5.2 实验 2——百叶窗

1. 实验目的

制作影片剪辑元件"窗页",表现百叶窗打开和关闭的效果。通过本实验,进一步了解如何用元件做遮罩层。实验最终效果如图 5-48 所示。

2. 具体要求

① 用补间形状制作打开又关闭的影片剪辑元件"窗页"。

② 用 4 个影片剪辑元件实现百叶窗打开和关闭的效果。

图 5-48 百叶窗

3. 操作步骤

① 新建文档→保存文档→文档起名为"实验 5-2 百叶窗.fla"。

② 新建影片剪辑元件"窗页"→画黑色无边框矩形→矩形大小为 550×100→矩形坐标为 (0,0)→在第 15 帧插入关键帧→将矩形的高改为 1→在两个关键帧之间创建补间形状。

③ 在第 25 帧插入关键帧→在第 40 帧插入关键帧→将矩形的高改为 100→在两个关键帧之间创建补间形状→在第 50 帧插入帧。影片剪辑的时间轴如图 5-49 所示。

图 5-49 影片剪辑的时间轴

④ 单击场景名回到主电影→向舞台导入位图→设置位图的大小和坐标使其正好覆盖舞台→将位图转为图形元件→命名为 a。

⑤ 将图层 1 改名为"图 1"→新建图层→改名为"遮罩 1"→单击"遮罩 1"层的第 1 帧→将影片剪辑元件"窗页"拖入舞台→实例坐标为 (0,0)→右击"遮罩 1"层→在弹出的快捷菜单中选择"遮罩层",将"遮罩 1"层变为遮罩层。

⑥ 新建图层→改名为"图 2"→将元件 a 拖入舞台→坐标为 (0,0)→新建图层→改名为"遮罩 2"→单击"遮罩 2"层的第 1 帧→将元件"窗页"拖入舞台→实例坐标为 (0,100)→将"遮罩 2"层变为遮罩层。

⑦ 新建图层→改名为"图3"→将元件a拖入舞台→坐标为(0,0)→新建图层→改名为"遮罩3"→单击"遮罩3"层的第1帧→将元件"窗页"拖入舞台→实例坐标为(0,200)→将"遮罩3"层变为遮罩层。

⑧ 新建图层→改名为"图4"→将元件a拖入舞台→坐标为(0,0)→新建图层→改名为"遮罩4"→单击"遮罩4"层的第1帧→将元件"窗页"拖入舞台→实例坐标为(0,300)→将"遮罩4"层变为遮罩层。

4个"窗页"实例的摆放位置如图5-50所示。

图5-50 4个"窗页"实例的摆放位置

⑨ 在所有图层的第40帧插入帧。"百叶窗"的时间轴如图5-51所示。

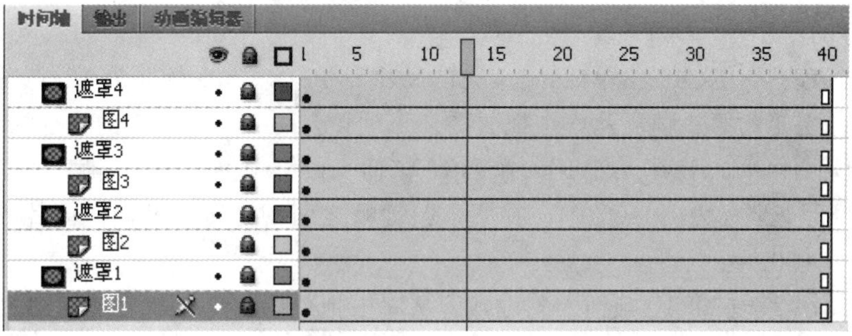

图5-51 "百叶窗"的时间轴

⑩ 测试影片,百叶窗打开时可以看到外面的景色。

说明:
① 可以建立背景层放在图层最下方,百叶窗关闭后会显示背景层中的图片。
② 可以建立窗框层放在图层最上面,百叶窗会在所画的窗框中打开和关闭。

5.5.3 实验3——图片轮换

1. 实验目的

制作4个图片依次左移轮换显示的效果,图片右下方有4个小方块,利用方块颜色的变换标识当前图片的顺序。通过本实验,进一步了解图形元件的使用方法。本实验的显示结果如图5-52所示。

2. 具体要求

① 制作4个尺寸大小相同的图形元件。
② 制作两个尺寸大小相同颜色不同的正方形图形元件。
③ 图片先在舞台停留一会儿,然后向左移出,同时下一张图片移入。

图 5-52 图片轮换

④ 用红色矩形标识当前图片的顺序。

3. 操作步骤

① 用软件处理 4 张图片→尺寸为 400×300→新建名为"实验 5-3 图片轮换.fla"的文档→将 4 张处理好的图片导入到库中。

② 选择"修改"→"文档"菜单项,定义文档尺寸为 400×300→帧频为 12 帧/秒。

③ 单击图层 1 的第 1 帧→从库中拖放图片 1 到舞台中央→图片 1 的坐标为(0,0)→将图片转换为图形元件→命名为"元件 1"→在第 10 帧插入关键帧→在第 25 帧插入关键帧→将图片向左移出舞台→坐标为(-400,0)→在两个关键帧之间创建传统补间。图片先在舞台停一会儿,然后向左移出。

④ 新建图层 2→在第 10 帧插入关键帧→从库中拖放图片 2 到舞台右边→图片 2 的坐标为(400,0)→将图片转换为图形元件→命名为"元件 2"→在第 25 帧插入关键帧→将图片移到舞台中央→坐标为(0,0)→在两个关键帧之间创建传统补间→在第 35 帧插入关键帧→在第 50 帧插入关键帧→将图片向左移出舞台→坐标为(-400,0)→在两个关键帧之间创建传统补间。

⑤ 新建图层 3→在第 35 帧插入关键帧→从库中拖放图片 3 到舞台右边→图片 3 的坐标为(400,0)→将图片转换为图形元件→命名为"元件 3"→在第 50 帧插入关键帧→将图片移到舞台中央→坐标为(0,0)→在两个关键帧之间创建传统补间→在第 60 帧插入关键帧→在第 75 帧插入关键帧→将图片向左移出舞台→坐标为(-400,0)→在两个关键帧之间创建传统补间。

⑥ 新建图层 4→在第 60 帧插入关键帧→从库中拖放图片 4 到舞台右边→图片 4 的坐标为(400,0)→将图片转换为图形元件→命名为"元件 4"→在第 75 帧插入关键帧→将图片移到舞台中央→坐标为(0,0)→在两个关键帧之间创建传统补间→在第 85 帧插入关键帧→在第 100 帧插入关键帧→将图片向左移出舞台→坐标为(-400,0)→在两个关键帧之间创建传统补间。

⑦ 新建图层 5→在第 85 帧插入关键帧→从库中拖放元件 1 到舞台右边→坐标为(400,0)→在第 100 帧插入关键帧→将图片移到舞台中央→坐标为(0,0)→在两个关键帧之间创建传统补间。图片 1 在图层 1 中移出,在图层 5 中移入。

⑧ 新建两个图形元件"红矩形"和"黄矩形"→矩形无边框→大小为20×20→坐标为(0,0)。

⑨ 新建图层6→单击第1帧→将4个"黄矩形"摆放在舞台右下角→4个黄矩形的坐标分别为(240,260)、(280,260)、(320,260)、(360,260)→新建图层7→单击第1帧→在坐标(240,260)处放一个"红矩形"→在第25帧插入空白关键帧→在坐标(280,260)处放一个"红矩形"→在第50帧插入空白关键帧→在坐标(320,260)处放一个"红矩形"→在第75帧插入空白关键帧→在坐标(360,260)处放一个"红矩形"。

⑩ 测试影片,4个图片依次显示在舞台上,然后向左移出舞台,红色矩形所在位置标识了当前图片的顺序。"图片轮换"的时间轴如图5-53所示。

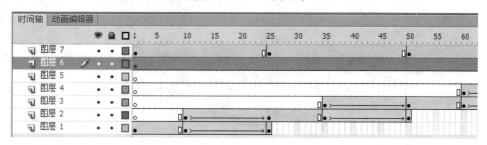

图5-53 "图片轮换"的时间轴

说明:本例生成的SWF格式文件在网页中经常使用。

5.5.4 实验4——网页横幅

1. 实验目的

制作网页横幅,横幅中有两只鸟飞过,横幅左上方依次显示"我的家乡"4个字。通过本实验,练习动画制作与元件的使用。本实验显示结果如图5-54所示。

图5-54 网页横幅

2. 具体要求

① 用元件共享方式获取"鸟"元件。
② 用关键帧动画制作文字逐个显示。

3. 操作步骤

① 用软件处理1张图片"海景"→尺寸为800×160→新建名为"实验5-4网页横幅.fla"的文档→打开"飞鸟.fla"。

② 选择新建的文档,选择"修改"→"文档"菜单项,定义文档大小为800×160→帧频为12帧/秒→将图片"海景"导入到舞台→坐标为(0,0)→在第80帧插入帧。

③ 新建图层2→在"库"面板的"文档名"下拉列表框中选择"飞鸟.fla"→单击图层2的第

1帧→将影片剪辑"鸟"拖放到舞台左下方→在第60帧插入关键帧→将"鸟"实例拖放到舞台右上方→在两个关键帧之间创建传统补间→单击第60帧的实例→将实例缩小。

④ 新建图层3→在第15帧插入关键帧→将影片剪辑"鸟"拖放到舞台左下方→在第70帧插入关键帧→将"鸟"实例拖放到舞台右上方→在两个关键帧之间创建传统补间→单击第70帧的实例→将实例缩小。

⑤ 新建图层3→在第10帧插入关键帧→用文本工具写"我"(40点、宋体、蓝色)→坐标为(50,25)→在第20帧插入关键帧→写"的"→坐标为(110,25)→在第30帧插入关键帧→写"家"→坐标为(170,25)→在第40帧插入关键帧→写"乡"→坐标为(230,25)。

⑥ 测试影片,4个文字依次显示在舞台上,两只鸟从舞台左下方飞到舞台右上方,而且越来越小。"网页横幅"的时间轴如图5-55所示。

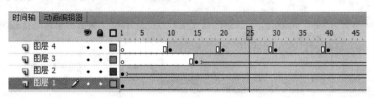

图 5-55 "网页横幅"的时间轴

说明:SWF格式的网页横幅在网页中经常使用。

思考题与上机练习题五

1. 思考题

(1) 什么是元件?为什么要使用元件?

(2) 实例与元件有什么关系?

(3) 动态图形元件与影片剪辑元件的主要区别是什么?

(4) 怎样区别元件编辑与场景编辑?

(5) 库的作用是什么?

(6) 按钮元件的4个关键帧分别代表按钮的什么状态?

(7) 什么值用来定义元件实例的透明度?

(8) 如何将动画中的实例变为普通形状?

2. 上机练习题

(1) 用遮罩方法制作从中间向两边打开的画轴。

(2) 用所学各种方法制作图像轮换。

(3) 制作按钮,用图片做按钮外观。

(4) 制作影片剪辑元件"小汽车",替换例5-15中的影片剪辑元件"火柴人"。

(5) 创建矩形按钮元件,指针经过时变色,指针按下时变大。

(6) 用元件制作"四季"的动画。

(7) 制作热气球升空的动画。

(8) 制作一个网页横幅。

第6章 声音、视频与影片发布

第6章程序

声音与视频可以使 Flash 动画的表现力更加丰富,是 Flash 在多媒体功能方面的一项重要内容。Flash 本身不能创建声音和媒体文件,但是在制作动画时可以导入或共享已经存在的声音与视频文件。

6.1 声音的导入与编辑

6.1.1 Flash 中的声音

在动画制作中使用声音,要先把声音文件导入到库中,然后将导入的声音文件作为素材使用。一个声音只需要一个拷贝,可以应用到影片中的任何位置。在 Flash 中可以为影片添加声音效果,为按钮分配声音片段,还可以使声音淡入或淡出。

Flash 中的声音有两类:事件声音和数据流声音。

1. 事件声音

事件声音由事件驱动,声音必须完全下载后才能播放,一旦事件声音被触发,就会从开始播放到结束连续播放,直到有明确的停止指令才会停止。事件声音只需插入到一个场景中,就可以应用于后面所有场景。事件声音独立于时间轴。

2. 数据流声音

数据流声音又称为流声音,在下载的同时播放,保证了影片画面与声音的吻合,多用于时间较长的背景音乐,伴随动画的画面在后台播放。数据流声音与时间轴同步。

6.1.2 向库中导入声音

使用声音之前先把声音导入到库中,方法如下:

选择"文件"→"导入"→"导入到库"菜单项,在对话框中选取声音文件(如 WAV 文件或 MP3 文件)→单击"打开"按钮。

在"库"面板中选取声音素材后单击播放按钮,可以预听声音效果,如图 6-1 所示。

说明:

① 声音导入到库中就成为当前 Flash 文档的一部分,因为声音通常占用比较多的资源,所以,导入的声音文件越大,Flash 文档就越大。

② Flash 导入的声音文件通常是 WAV 和 MP3 格式。

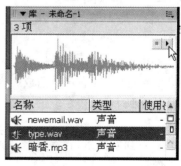

图 6-1 在库中预听声音效果

6.1.3 将声音添加到影片

将声音添加到影片就是给主电影时间轴的关键帧添加声音。

将声音添加到影片的步骤如下：

① 建立专门放声音的图层,设置声音的关键帧通常在声音图层里建立。

② 在动画里需要插入声音的位置插入关键帧,单击关键帧,在"属性"面板中展开声音组(使声音组前的三角向下),在"名称"下拉列表框中选择声音文件,完成声音的插入。选择声音文件,如图6-2所示。

③ 如果需要在动画某个位置停止声音,则先在停止声音的位置插入关键帧,再单击插入的关键帧,在"属性"面板的"声音"组的"同步"下拉列表框中选择"停止"。

说明：

① 只需给声音图层里声音开始的第1个关键帧选择声音文件,后面的关键帧仅用来设置同步属性。如果声音播放时间较长,那么声音会作用于动画的所有场景。

② 最好给每个声音建立单独的图层,这样便于声音的编辑。动画播放时,所有添加的声音将混合在一起播放。

③ 在声音图层的时间轴上,如果在插入声音的关键帧右边还插入了帧或关键帧,则时间轴会显示声音波形线,如图6-3所示。

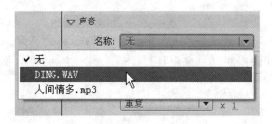

图6-2 选择声音文件

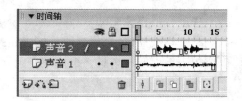

图6-3 声音波形线

6.1.4 设置声音效果

选取声音文件后,单击"属性"面板的"效果"下拉列表框的下三角按钮,可以看到系统提供的8个选项,如图6-4所示。

各选项作用如下：

① 无,不加入任何效果,用此项可以删除以前应用过的效果。

② 左声道,只在左声道播放声音。

③ 右声道,只在右声道播放声音。

④ 从左到右淡出,左声道声音逐渐变小,右声道声音逐渐变大。

⑤ 从右到左淡出,右声道声音逐渐变小,左声道声音逐渐变大。

⑥ 淡入,声音逐渐变大,然后保持不变。

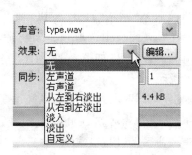

图6-4 声音效果的8个选项

⑦ 淡出，开始一段时间声音保持不变，然后逐渐减小。
⑧ 自定义，通过使用"编辑封套"创建自己需要的声音淡入淡出效果。

6.1.5 编辑声音

在"属性"面板的"效果"下拉列表框中选择"自定义"，打开"编辑封套"对话框。该对话框中有两个区域，上方区域表示声音的左声道，下方区域表示声音的右声道，如图6-5所示。

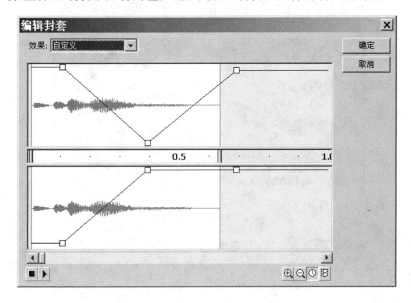

图6-5 "编辑封套"对话框

1. "编辑封套"对话框的编辑按钮

窗口右下方有4个按钮，从左到右依次为放大、缩小、秒、帧。
① 单击"放大"按钮，能放大声音波形，使编辑更精确。
② 单击"缩小"按钮，能缩小声音波形，以便显示更多的声音波形。
③ 单击"秒"按钮，以秒为单位显示刻度，从而计算出声音所占用的时间。默认情况下以秒为单位。
④ 单击"帧"按钮，以帧为单位显示刻度，从而计算出声音层中帧格的数目。
说明：无论用秒显示刻度还是用帧显示刻度，声音的波形线都不变。

2. 编辑声音

编辑声音的方法如下：
① 单击声音控制线可以在声音线上添加小方格，小方格为控制柄。
② 拖动控制柄可控制播放时声音的高低，声音控制线在最上面表示声音播放最大，声音控制线在最下面表示不播放。
③ 将控制柄拖向对话框外可删除该控制柄。
④ 对话框中间有时间刻度，拖动时间刻度上的"开始时间"和"停止时间"控件，可改变声音的起始位置和结束位置，而且只有位于这两点之间的波形才会被播放。
说明：通过设置可以在此对话框内显示当前声音文件共占用多少帧格，然后根据帧格数和

"属性"面板的"循环"文本框中的数字计算出时间轴声音层的最后帧格位置,在最后帧格插入关键帧,时间轴中便有完整的声音波形线。

6.1.6 设置声音属性

右击"库"面板中的声音素材,在弹出的快捷菜单中选择"属性",或者双击声音素材前的喇叭图标,都能打开"声音属性"对话框。在"声音属性"对话框中对声音进行测试或更新,还可以选择声音的压缩方式。"声音属性"对话框如图 6-6 所示。

图 6-6 "声音属性"对话框

除"确定"按钮与"取消"按钮之外,其他按钮的功能如下:
① 单击"更新"按钮,则按照"声音属性"对话框中的设置更新当前声音素材的属性。
② 单击"导入"按钮,则更换声音文件。
③ 单击"测试"按钮,则按照新的属性播放声音。
④ 单击"停止"按钮,则停止声音的播放。

6.1.7 设置声音同步

在"属性"面板的"声音"组的"同步"下拉列表框中有系统提供的 4 种同步方式:事件、开始、停止和数据流,设置同步可以使声音与动画更好的关联。同步方式如图 6-7 所示。

各种同步选项的作用如下:

① 事件:适用于背景声音和其他不需要同步的音乐,是默认选项。声音在关键帧开始,独立于时间轴。如果声音比动画的时间长,即使动画播放完毕,声音也会继续。但是,如果动画循环结束之前声音先结束,则声音会从头开始再次播放,几个循环以后声音的播放会重叠,变得混乱。为防止这种现象发生,通常选择"开始"选项。

图 6-7 同步方式

② 开始:与"事件"选项功能相近。"开始"选项的优点在于播放前先检测是否正在播放同一个声音文件,如果有同一个声音文件在播放,则放弃此次播放。所以,使用"开始"选项不会造成同一个声音的重叠。

③ 停止:停止声音的播放。先插入关键帧,再在"属性"面板中选择声音文件,在"同步"下

拉列表框中选择"停止",则动画播放到该关键帧即停止声音播放。

④ 数据流:适用于同步声音,以便在网络上同步播放,也就是边下载边播放。但是,如果动画下载进度快于声音下载,没有播放的声音就会被直接跳过,接着播放当前帧中的声音,这是"数据流"选项的不足之处。

6.2 给按钮、影片和帧添加声音

6.2.1 给按钮添加声音

按钮元件的各种状态都可以关联声音,当按钮元件关联了声音以后,由该元件生成的所有实例都将有关联的声音。

按钮元件一共有 4 个关键帧,给按钮加声音通常是给按钮的后 3 个关键帧添加声音片段。如果给不同的关键帧加入不同的声音,按钮的各种状态就会有不同的声音效果。

给按钮添加声音的步骤如下:
① 将所需声音文件导入到库中。
② 进入按钮元件编辑模式,给时间轴添加声音层。
③ 在声音层与按钮各帧相对应的单元格插入关键帧。
④ 单击关键帧,在库中选择声音文件。

说明:如果按钮的后 3 个关键帧用不同的声音,则可以把各种声音放在同一层的不同帧格中,也可以放在不同层上。如果一个按钮只使用一种声音,可以只给第 2 帧或第 3 帧加入声音,按钮的第 1 帧通常不加声音。

下面用一个实例来介绍如何给按钮添加声音。

例 6-1 给按钮添加声音

动画播放时,鼠标指向按钮时会听到狗叫的声音,单击按钮时会听到猫叫的声音。

操作步骤如下:
① 新建文档→导入两个声音文件到库中(cat.mp3 和 dog.mp3)。
② 新建按钮元件→制作按钮元件的 4 个关键帧。
③ 在按钮元件图层 1 的上方新建图层→改名为"狗叫"→在"指针经过"帧位置插入关键帧→单击关键帧→展开"属性"面板的"声音"组→在"名称"下拉列表框中选择"dog.mp3"。
④ 新建图层→改名为"猫叫"→在"按下"帧位置插入关键帧→单击关键帧→在"属性"面板的"声音"组的"名称"下拉列表框中选择"cat.mp3"。给按钮添加声音的时间轴如图 6-8 所示。
⑤ 单击场景名结束元件编辑→将按钮拖入舞台生成按钮实例。
⑥ 测试影片,鼠标指向按钮时会听到狗叫的声音,单击按钮时会听到猫叫的声音。

6.2.2 给影片添加声音

给影片添加声音的步骤如下:
① 导入声音文件到库中。
② 建立声音图层,在需要加入声音的位置插入关键帧。

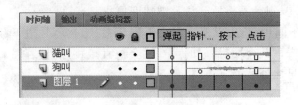

图 6-8　给按钮添加声音的时间轴

③ 单击关键帧,在"属性"面板中选择要添加的声音,或从库中将声音元件拖入舞台。下面用一个实例来介绍如何给影片添加背景声音。

例 6-2　给影片添加背景声音

动画播放时,会一直有背景音乐伴随。

操作步骤如下:

① 新建文档→设置舞台背景色为绿色→帧频率为 12 帧/秒。

② 打开"例 4-2 白兔转圈.fla"文档→将"例 4-2 白兔转圈.fla"的时间轴复制到新建的文档中→删除复制帧时产生的多余帧。

③ 导入声音文件到库中→在引导层上方新建图层→改名为"声音"。

④ 单击"声音"层的第 1 帧→在"属性"面板展开"声音"组→在"名称"下拉列表框中选择声音文件→在"同步"下拉列表框中选择"开始"→在"效果"下拉列表框中选择"循环"。给影片添加背景声音的时间轴如图 6-9 所示。

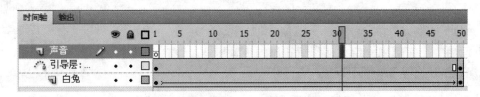

图 6-9　给影片添加背景声音的时间轴

⑤ 测试影片,动画循环播放时背景音乐一直播放。

6.2.3　给关键帧添加声音

给关键帧添加声音不用添加声音图层,只要单击关键帧,在"属性"面板中选择声音文件即可。此方法适合于短促的声音效果。

下面用一个实例来介绍如何给关键帧添加声音。

例 6-3　为火柴人跑步添加声音

动画播放时,伴随跑步动作听到脚步声。

操作步骤如下:

① 打开"例 5-15 火柴人跑步.fla"→导入声音文件"脚步声.wav"到库中。

② 定义文档帧频为 8 帧/秒。

③ 在库中双击影片剪辑元件"火柴人"→可以观察到元件编辑窗口的时间轴共有 8 个关键帧。

④ 单击第 1 个关键帧→在"属性"面板的"声音"组中的"名称"下拉列表框中选择"脚步

声.wav"→利用同样的方法依次给其他单数关键帧添加声音(添加声音的关键帧为第 1 帧、第 3 帧、第 5 帧、第 7 帧)→单击场景名结束元件编辑。添加声音的"属性"面板如图 6-10 所示。

⑤ 将"火柴人"元件拖放到舞台中。

⑥ 测试影片,伴随火柴人的跑步动作会听到脚步声音。

图 6-10 添加声音的"属性"面板

6.3 使用视频

6.3.1 导入视频

导入视频与导入声音的方法相同。导入的视频文件嵌入 Flash 文档中,成为文档的一部分。导入到 Flash 文档的视频文件主要是 MOV 格式和 FLV 格式的文档,其他格式的视频文件可以转换以后再导入。

6.3.2 给影片添加视频

下面用一个实例来介绍如何给影片添加视频。

例 6-4 给影片添加视频

动画播放时,显示一个视频。

操作步骤如下:

① 新建文档→修改舞台大小为 400×350→设置舞台背景色为橙色。

② 向库中导入视频文件→导入时选择"嵌入"方式→向库中导入声音文件。

③ 将图层 1 改名为"视频"→新建图层→给图层改名为"声音"。

④ 右击库中的视频文件→在弹出的快捷菜单中选择"属性"→在打开的"视频属性"对话框中查看文件属性,此处显示视频文件占 1 481 个帧,如图 6-11 所示。

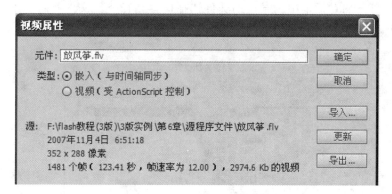

图 6-11 "视频属性"对话框

⑤ 单击"视频"层的第 1 帧→从库中将视频文件拖入舞台→在第 1 481 帧插入帧。

⑥ 单击"声音"层的第 1 帧→在"属性"面板展开"声音"组→在"名称"下拉列表框中选择

声音文件→在"声音"组的"同步"下拉列表框中选择"开始"。

⑦ 测试影片,视频播放效果如图 6-12 所示。

图 6-12 给影片添加视频

6.4 导出影片与发布影片

6.4.1 导出影片

Flash 动画制作完成以后,通过保存自动生成 FLA 文件格式,这种格式的文件只能在 Flash 中浏览,无法在网络浏览器中观看,因为网络浏览器只支持 SWF 格式的 Flash 文件。所以,制作的动画需要转换为 SWF 文件格式。

用测试影片的方法可以自动生成 SWF 文件。用导出影片的方法不但能生成 SWF 文件,还能生成其他格式的文件。

导出影片的方法如下:

① 打开一个动画,选择"文件"→"导出"→"导出影片"菜单项。

② 在随后打开的对话框中为导出的文件选择保存路径→给文件起名→给导出的文件选择文件类型,Flash 动画的内容和图像可以用许多格式导出,如图 6-13 所示。

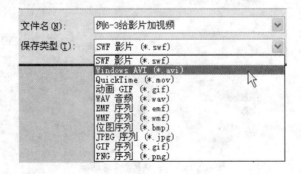

图 6-13 导出多种文件格式

③ 单击"保存"按钮,当前文件就被输出为指定格式。

6.4.2 发布影片

用导出影片的方法一次只能将 Flash 影片导出为一种格式,要想将 Flash 影片一次性地生成多种格式的文件,可以采用发布影片的方法。

发布影片的方法如下:

① 发布影片之前先单独创建一个文件夹,放入 Flash 文档,发布影片之后所有发布的文件都将保存在影片所在位置。

② 打开"发布设置"对话框,选择需要的发布格式,必要时进行相应设置,然后选择"发布"命令,通过发布命令一次性地输出所有选定格式的文件。

说明:动画文档要先保存再发布。

下面用一个实例来介绍如何一次性地输出所有选定格式的文件。

例 6-5 影片发布

在动画文档所在文件夹一次性输出当前文档的多种格式的文件。

操作步骤如下:

① 新建文件夹→文件夹命名为"发布练习"→将动画文档"例 6-3 为火柴人跑步添加声音.fla"复制到文件夹中→改名为"火柴人跑步.fla"。

② 用 Flash 打开"火柴人跑步.fla",选择"文件"→"发布设置"菜单项,在"发布设置"对话框选中 6 种格式——Flash(.swf)、HTML 包装器、GIF 图像、JPEG 图像、PNG 图像和 Win 放映文件→单击"发布"按钮,如图 6-14 所示。

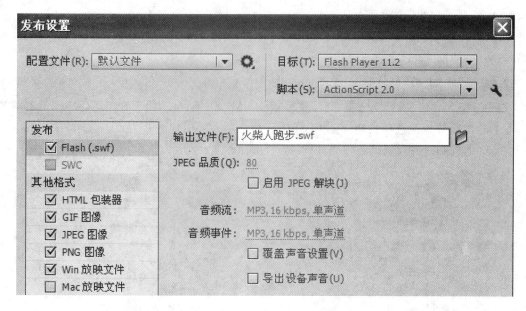

图 6-14 "发布设置"对话框

③ 选择"文件"→"发布"菜单项。

④ 查看动画文档所在文件夹,就会发现所选格式的文件都在文件夹中,如图 6-15 所示。

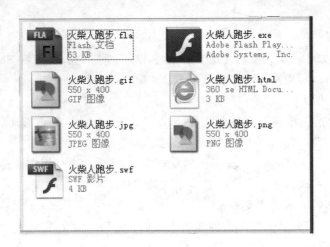

图 6-15 所选格式的所有文件

6.4.3 发布影片的设置

这里针对 5 种格式（Flash(.swf)、HTML 包装器、GIF 图像、JPEG 图像和 Win 放映文件）来补充说明。

1. 发布为"Flash(.swf)"

以 SWF 为后缀的文件是 Flash 打包以后的文件，用于网络播放，它能保存源程序中的动画、声音、脚本等全部内容。

选中"Flash(.swf)"复选框以后，再展开"高级"组，可以设置密码，设置密码以后只能凭密码导入动画，如图 6-16 所示。

2. 发布为"HTML 包装器"

选中"HTML 包装器"复选框，将产生一段 HTML 引导程序，用于在浏览器中引导和设置 Flash 影片的播放。此选项只能伴随 Flash(.swf)选项一起出现。

展开"缩放和对齐"组，该组参数如图 6-17 所示。

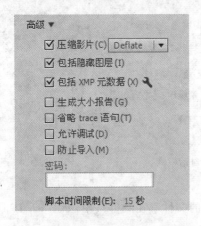

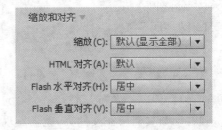

图 6-16 发布为"Flash(.swf)"的设置　　　　图 6-17 发布为"HTML 包装器"的设置

常用参数设置如下：

① 在"缩放"下拉列表框中设置影片在浏览器窗口中的缩放比例，默认显示全部影片。选择"无边框"，影片按自身大小成比例缩放，填充指定区域；选择"精确匹配"，则影片不保持原始比例进行缩放，填充指定区域；选择"无缩放"，则禁止对影片进行缩放。

② 在"HTML 对齐"下拉列表框中设置影片在浏览器窗口中的对齐模式。默认"中心对齐"，还可以选择左对齐、右对齐、顶部对齐、底部对齐。

③ 在"Flash 水平对齐"下拉列表框中设置影片水平方向的对齐方式，有左、居中、右 3 个选项，默认"居中"。

④ 在"Flash 垂直对齐"下拉列表框中，设置影片垂直方向的对齐方式，有顶部、居中、底部 3 个选项，默认"居中"。

3．发布为"GIF 图像"

GIF 图像的颜色数目有限，适合导出线条与色块分明的图片。网络上的动态图标大部分是 GIF 动画。

选中"GIF 图像"复选框，再展开"颜色"组，对话框如图 6-18 所示。

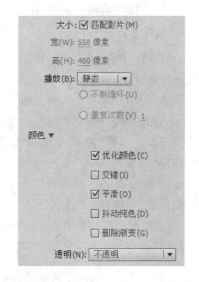

图 6-18 发布"GIF 图像"的设置

常用参数设置如下：

① 选中"匹配影片"复选框，可确保与原始影片的尺寸保持一致；取消选中"匹配影片"复选框，输入宽和高，可重新定义图像尺寸。

② "播放"下拉列表框中有"静态"和"动画"两个选项，如果选择"动画"，系统会将原始影片输出为多帧的 GIF 动画。

③ "透明"下拉列表框中有 3 个选项：不透明、透明、Alpha。选择"透明"，转换后背景是透明的；选择 Alpha（即透明度），再输入阈值，所有低于阈值的颜色都会变成透明。

④ 选中"平滑"复选框，输出的位图会经过平滑处理，消除锯齿。

4．发布为"JPEG 图像"

JPEG 格式适合导出连续色调的图像；以高压缩率、24 位的位图形式保存图像。

选中"JPEG 图像"复选框，只需设置尺寸大小即可。

选中"匹配影片"复选框，可确保与原始影片的尺寸保持一致。取消选中"匹配影片"复选框，输入宽和高，可重新定义图像尺寸。

5．发布为"Win 放映文件"

选中"Win 放映文件"复选框，实际上就是将动画发布为 EXE 格式的文件。在 Windows 操作系统中，EXE 格式的文件属于"可执行文件"，不需要附带任何程序就能运行。EXE 格式的文件与原 SWF 动画的放映效果完全相同，背景声音的效果也完全相同。

将 Flash 动画文档发布成可以独立运行的 EXE 格式文件，只需要在"发布设置"对话框中选中"Win 放映文件"复选框，不需要做其他参数设置。

说明:EXE 文件只能用发布影片的方法生成。

6.5 上机实验 添加背景声音与发布 EXE 文件

6.5.1 实验 1——时钟与声音

1. 实验目的

通过本实验,进一步了解如何给关键帧添加声音。

2. 具体要求

① 复制动画"实验 3-1 时钟.fla"。

② 给复制的动画添加声音。

3. 操作步骤

① 复制动画"实验 3-1 时钟.fla"→改名为"实验 6-1 时钟与声音.fla"→打开"实验 6-1 时钟与声音.fla"。

② 打开"例 6-3 为火柴人跑步添加声音.fla"。

③ 单击"实验 6-1 时钟与声音.fla"(使该文件成为当前文件)→在"库"面板的"文件名"下拉列表框中选择"例 6-3 为火柴人跑步添加声音.fla"→将"脚步声.wav"素材拖到舞台。本操作使"脚步声.wav"成为"实验 6-1 时钟与声音.fla"的素材。

④ 在图层最上方新建图层→图层改名为"声音"→单击"声音"图层的第 1 帧→在"属性"面板中展开"声音"组→在"名称"下拉列表框中选择"脚步声.wav"。

⑤ 利用同样的方法在"声音"层的每一个关键帧对应位置插入关键帧→给关键帧插入声音文件"脚步声.wav"。"时钟与时间"的时间轴如图 6-19 所示。

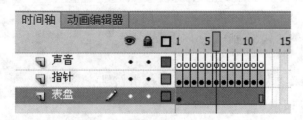

图 6-19 "时钟与声音"的时间轴

⑥ 测试影片,伴随指针转动会听到背景声音。

6.5.2 实验 2——将影片转为 EXE 文件

1. 实验目的

通过本实验,进一步了解如何将动画发布为 EXE 文件。

2. 具体要求

① 打开动画"实验 6-1 时钟与声音.fla"。

② 用发布影片的方法将动画发布为 EXE 文件。

3. 操作步骤

① 新建文件夹→将"实验 6-1 时钟与声音.fla"复制到文件夹。

② 打开动画"实验 6-1 时钟与声音.fla"。

③ 选择"文件"→"发布设置"菜单项,在"发布设置"对话框中选中"Win 放映文件"复选框→其余选项都不选→单击对话框下方的"发布"按钮。

④ 选择"文件"→"发布"菜单项。

⑤ 打开文件夹→查看文件夹的文件(可以看到"实验 6-1 时钟与声音.exe"文件)→双击"实验 6-1 时钟与声音.exe"文件→观看播放效果。

EXE 文件的播放效果与动画文件本身的播放效果完全相同。

思考题与上机练习题六

1. 思考题

(1) 事件声音与数据流声音的主要不同是什么?

(2) 声音同步有几种方式?

(3) Flash 支持什么格式的声音文件?

(4) 导出影片与发布影片的主要不同是什么?

(5) 如何把动画文档变为 EXE 文件?

2. 上机练习题

(1) 从公用库中选取一个按钮,给按钮添加声音。

(2) 复制并打开一个已有的动画文档,给动画添加背景声音。

(3) 复制并打开一个已有的动画文档,导出为 EXE 格式的文件。

第 7 章 制作简单交互动画

第 7 章程序　第 7 章 3.0 程序

交互动画是指用户能参与和控制播放内容的动画。用户通过鼠标和键盘控制动画的播放和跳转，并能移动动画中的对象，使作品更加贴近用户。制作交互动画是动画制作的较高境界。

7.1 认识动作

7.1.1 事件和动作

制作交互动画的关键是设置事件和编写引发事件的动作脚本。

1. 事　件

事件是动画播放时能引发动作执行的信号，由系统内置。例如，单击按钮，单击影片剪辑，按下 Enter 键，加载影片剪辑，以及播放头到达某个帧，都会产生特定的事件，从而发出执行某个动作的信号。

2. 动　作

动作是指示动画执行某些任务的语句，具体说就是按钮、帧或影片剪辑在"动作"面板中的设置。动作是用来响应事件的，例如，给一个按钮的单击事件设置了 stop 动作，那么在动画播放时单击该按钮就可以停止动画的播放。

动作通常是一条语句或一组语句。

7.1.2 事件类型

能产生动作的事件有 3 类：按钮事件、帧事件、影片剪辑事件。

给按钮事件和影片剪辑事件分配动作时，要先生成一个实例再分配动作，分配的动作只对该实例起作用，与元件和其他实例无关。给帧事件分配动作要分配给关键帧，只有对关键帧分配动作才有效，如果不是关键帧，系统会自动将动作分配给它前面的一个关键帧。

7.1.3 动作脚本

动作脚本由 Flash 脚本语言编写，该脚本编写语言与核心 JavaScript 编程语言类似，用来向 Flash 文档添加交互性、回放控制和数据显示；可以使用"动作"面板在 Flash 环境内添加动作脚本，也可以使用外部编辑器创建外部动作脚本文件。

动作脚本是代码的集合，由一条语句或一组语句组成。和其他脚本撰写语言一样，动作脚本有自己的语法规则、保留关键字和运算符，允许使用变量来存储和获取信息；动作脚本包含内置对象和函数，允许用户创建自己的对象和函数；脚本区分大小写。

Flash 脚本语言分为 ActionScript 2.0 和 ActionScript 3.0 两种版本，二者不兼容，其中

ActionScript 2.0 与 C 语言的语法更接近,学习起来相对容易些。由于本书面对的是 Flash 初学者,所以采用 ActionScript 2.0 作为教学用脚本语言,同时也用 ActionScript 3.0 编写了相同的实例,有兴趣的读者可以在本书配套资料中查找和参考。

7.1.4 "动作"面板

选择"窗口"→"动作"菜单项,或按 F9 键,打开"动作"面板。"动作"面板用来创建和编辑对象或帧的动作,如图 7-1 所示。

图 7-1 "动作"面板

"动作"面板由以下两部分组成:
① 右侧是脚本窗口,用来显示和编辑组成动作的语句代码。
② 左侧又分为上下两部分,上半部分是动作工具箱,提供动作所需的各种代码,包括函数、属性、语句、运算符等。代码被分成组放在一起,如全局函数、全局属性、语句、运算符等。单击一个组名图标打开该组,双击其中的一个语句或属性可将其传输到右边脚本窗口。下半部分是脚本导航器,用来显示 Flash 元素的分层结构。
脚本窗口的代码都与某个 Flash 元素相关联。

7.1.5 脚本窗口工具栏

脚本窗口上方有个工具栏,用来帮助脚本的编辑。把鼠标移到工具栏某个按钮上,鼠标右下角会显示该按钮的功能。工具栏如图 7-2 所示。

图 7-2 工具栏

7.1.6　添加脚本的方法

在脚本窗口中可以直接输入和编辑动作代码和参数，也可以直接删除代码。向脚本窗口添加动作脚本的方法有以下几种：

① 在脚本窗口中手工书写代码。
② 双击动作工具箱中的某一项，该语句会显示在脚本窗口。
③ 把在左窗口动作工具箱里选取的语句直接拖到右边的脚本窗口。
④ 单击脚本窗口的"将新项目添加到脚本"按钮 ，在显示的菜单中选取所需语句。

下面以添加 play 语句为例具体说明添加脚本的方法。

1. 在脚本窗口中手工书写代码

将光标放在脚本窗口指定位置，用键盘直接输入 play()和分号。

2. 用动作工具箱

单击动作工具箱中的"全局函数"图标（展开该组）→单击"时间轴控制"图标（展开该组）→双击 play，语句 play 被加入到脚本窗口中，如图 7－3 所示。

3. 用鼠标拖动

在动作工具箱找到 play 语句，然后将其拖到脚本窗口指定位置。

图 7－3　用动作工具箱添加

4. 用"将新项目添加到脚本"按钮

单击脚本窗口的"将新项目添加到脚本"按钮 →鼠标指向"全局函数"→鼠标指向"时间轴控制"→单击 play，play 语句被加入到脚本窗口中，如图 7－4 所示。

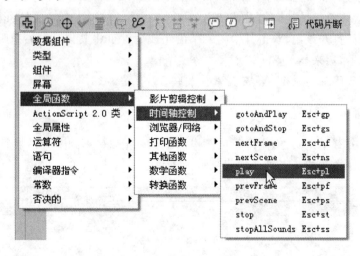

图 7－4　用"将新项目添加到脚本"按钮添加

说明：有的动作语句需要参数，例如 on(press,rollOver)，括号内有两个参数；有的动作语句不需要参数,例如 stop(),括号内是空的。设置动作时要特别注意括号内是否需要参数。

7.2 给按钮分配动作

按钮交互是交互动画中最常用的交互方法,给按钮分配动作以后,按钮事件发生后就会执行该动作。

7.2.1 设置按钮事件

给按钮分配动作之前,首先要生成按钮元件的实例,然后为按钮实例指定一个事件,最后为事件写动作脚本来响应指定的事件。

按钮的动作脚本都是从"on()"行开始,括号中包括按钮实例指定的事件选项。on 语句的下面是动作语句。如果没有其他指定情况,语句会按顺序从前到后依次执行。

在舞台中选取一个按钮→打开"动作"面板→在动作工具箱中单击"全局函数"→单击"影片剪辑控制"→双击 on,系统会自动显示按钮事件列表供选择,选定的按钮事件出现在"on()"的括号中。

常用的按钮事件有 8 种,如图 7-5 所示。

① press:鼠标按下时引发动作;
② release:鼠标放开时引发动作;
③ releaseOutside:鼠标在按钮热区外放开时引发动作;
④ rollOver:鼠标划过按钮热区时引发动作;
⑤ rollOut:鼠标划出按钮热区时引发动作;
⑥ dragOver:鼠标在热区内按下不释放,把鼠标拖过热区时引发动作;

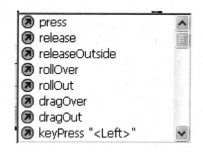

图 7-5 常用的按钮事件

⑦ dragOut:鼠标在热区内按下不释放,把鼠标拖出热区时引发动作;
⑧ keyPress:按下指定的键时引发动作,指定键由系统给出。

用户在提供的事件中选取一个,也可以同时选取多个,若选取多个,则几个事件中任意一个出现都会引发动作的执行。例如:同时选中 press 和 rollOver 两个按钮事件,脚本窗口的 on() 语句就变成 on(press, rollOver),动画播放时,单击或鼠标划过热区都会引发动作的执行。

7.2.2 为按钮分配动作的一般流程

为按钮分配动作的一般流程如下:
① 打开一个动画。
② 新建按钮元件,或使用公共库中的按钮元件。
③ 新建按钮图层,在舞台中生成按钮实例。
④ 选取按钮实例,打开"动作"面板,为按钮实例设置动作脚本。
⑤ 测试影片,单击按钮观看按钮的动作效果。
说明:给按钮单独建立图层是为了方便编辑,按钮与对象在同一图层也可以。

7.2.3 用按钮控制动画的播放和停止

控制动画的播放和停止通常用 play 语句和 stop 语句来实现,这两条语句都没有参数。默认情况下,动画按时间轴的设定逐帧播放。给按钮分配了 stop 语句后,单击按钮能够停止动画的播放;给按钮分配了 play 语句后,单击按钮,可以使被停止播放的动画从停止的位置继续向下播放。两个按钮实例可以由同一个元件生成,也可以分别属于不同元件。

下面用一个实例来介绍如何用按钮控制动画播放。

例 7-1　用按钮控制动画播放

动画播放时,单击红按钮动画停止,单击绿按钮动画继续播放。

操作步骤如下:

① 新建两个按钮元件,一个名为"绿按钮",一个名为"红按钮"。

② 从"例 5-16 元件替换.fla"中把动态图形元件"小鸟"共享到当前动画中。

③ 将图层 1 改名为"背景"→向舞台导入位图→调整位图大小和坐标使其覆盖舞台→在第 40 帧插入帧。

④ 新建图层→改名为"小鸟 1"→从库中将"小鸟"元件拖放到舞台右下方→在第 40 帧插入关键帧→将"小鸟"元件的实例拖放到舞台左上方→在两个关键帧之间创建传统补间。

⑤ 新建影片剪辑元件"小鸟 2"→复制动态图形元件"小鸟"时间轴的帧→粘贴到影片剪辑元件"小鸟 2"的时间轴中。

⑥ 在图层"小鸟 1"上方新建图层"小鸟 2"→从库中将"小鸟 2"元件拖放到舞台左下方→水平翻转→在第 40 帧插入关键帧→将"小鸟 2"元件的实例拖放到舞台右上方→在两个关键帧之间创建传统补间。

⑦ 在图层"小鸟 2"上方新建图层→改名为"按钮"→单击第 1 帧→从库中将"红按钮"和"绿按钮"拖放到舞台左下方→在第 40 帧插入帧。新建"按钮"层的时间轴如图 7-6 所示。

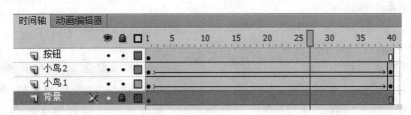

图 7-6　新建"按钮"层的时间轴

⑧ 选取"绿按钮"→在"动作"面板左窗口展开"全局函数"→展开"影片剪辑控制"→双击 on→在按钮事件选项中双击 press。

⑨ 光标放在脚本窗口 on 语句的左大括号右边→按 Enter 键→左窗口展开"时间轴控制"→双击 play,给"绿按钮"添加播放动作,如图 7-7 所示。

⑩ 选取"红按钮"→利用同样的方法将 stop 语句加到脚本窗口,给"红按钮"添加停止动作,如图 7-8 所示。

⑪ 测试影片。单击红按钮,动画停止播放,单击绿按钮,动画继续播放。动画效果如图 7-9 所示。

说明: 本例中两只小鸟分别是动态图形元件和影片剪辑元件,动画停止播放时,动态图形

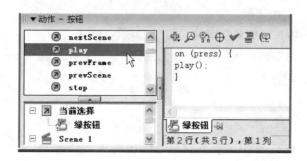

图 7-7　给"绿按钮"添加播放动作

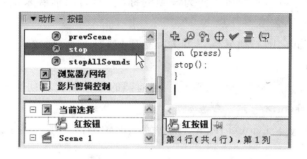

图 7-8　给"红按钮"添加停止动作

图 7-9　用按钮控制动画播放

元件的小鸟完全停止,而影片剪辑元件的小鸟只停止位置移动,不停止翅膀扇动,这是因为动态图形元件依赖主电影的时间轴,而影片剪辑元件独立于主电影的时间轴。

7.2.4　用按钮将播放转到指定帧

用 goto 语句可以将动画的播放跳转到指定帧,用 gotoAndPlay 语句可以让动画跳转到指定位置后继续播放,用 gotoAndStop 语句可以让动画跳转到指定位置后停止播放。

1. 语　　法

转到指定帧的语法如下:

① goto(帧),跳转到指定帧。
② gotoAndPlay(帧),跳转到指定帧后继续播放。
③ gotoAndStop(帧),跳转到指定帧后停止播放。

2. 帧的指定

帧的指定有以下几种方式：

① 用帧的序号。

例如:gotoAndPlay(4),跳转到第 4 帧后继续播放。

② 用帧标签。

在"属性"面板中为帧起一个名字作为该帧的标签,然后用标签来确定帧。帧标签要加单引号或双引号。

例如:gotoAndPlay("b"),跳转到以 b 为帧标签的帧后继续播放。

③ 用 NextFrame。

例如:gotoAndPlay(NextFream),跳转到当前帧的下一帧后继续播放。

④ 用 PreviousFream。

例如:gotoAndPlay(PreviousFream),跳转到当前帧的前一帧后继续播放。

⑤ 用表达式。

例如:gotoAndPlay(_currentfream+2),跳转到当前帧后面的第 2 帧,也就是表达式计算所得结果的位置。其中,_currentfream 是系统变量,可以测试出当前帧的序号。

下面用一个实例来介绍如何用按钮控制帧的跳转。

例 7-2　用按钮控制帧的跳转

动画播放时,单击一个按钮显示按钮对应的图片。

操作步骤如下：

① 新建文档→将图层 1 改名为"图片"→将舞台背景颜色设置为浅灰色→向库中导入 4 张图片。

② 单击第 1 帧→将图片 1 拖放到舞台中→在"属性"面板中定义图片大小为 260×195→坐标为(147,57)。

③ 在第 2 帧、第 3 帧、第 4 帧插入空白关键帧→分别将图片 2、图片 3、图片 4 拖放到对应关键帧的舞台中→定义图片大小和坐标与图片 1 相同。

④ 新建图层→改名为"按钮"→单击"按钮"层的第 1 帧→将 4 张图片按顺序拖入舞台→将图片缩小至 100×75 放在舞台下方排成一行→将缩小的图片都转为按钮→在第 4 帧插入帧。图片和按钮的摆放如图 7-10 所示。

⑤ 单击"图片"层的第 1 帧,设置帧动作代码如下：

```
stop();            //禁止动画自动播放
```

⑥ 选取"按钮"层的第 1 个按钮,设置按钮动作代码如下：

```
on(press){
    gotoAndStop(1);    //单击按钮转到第 1 帧后停止播放
}
```

图 7-10　摆放图片和按钮

⑦ 选取"按钮"层的第 2 个按钮,设置按钮动作代码如下:

```
on(press){
    gotoAndStop(2);        //单击按钮转到第2帧后停止播放
}
```

⑧ 利用同样的方法设置第 3 个按钮和第 4 个按钮的动作代码。

⑨ 测试影片。单击一个按钮,动画会跳转到相应帧并停止在该帧,并显示与该按钮相对应的图片,如图 7-11 所示。

图 7-11　用按钮控制帧的跳转

说明:编写脚本时用"//"和文字做注释,可以提高程序的可读性。

7.3　给关键帧分配动作

7.3.1　关键帧事件

关键帧事件是当动画或影片剪辑播放到某一关键帧时引发的事件。关键帧事件与鼠标无关,所以语句不需要从 on 开始。只有关键帧才能分配动作,即使选择的帧不是关键帧,系统也会自动地将动作分配给该帧左侧的关键帧。

关键帧事件基本上都在"动作"面板的"时间轴控制"组中。

7.3.2 给关键帧分配帧动作的一般流程

帧动作就是动画播放到该帧时要执行的语句,设置了动作的关键帧用小写字母 a 标记。如果希望动画播放到第几帧的时候停止播放,则可以在该帧设置一个 stop 动作。常用的帧动作还有:动态地为文本域赋值、跳转到其他关键帧、变量初始化等。

为关键帧分配动作的步骤如下:
① 在动画时间轴选取一个关键帧。
② 打开"动作"面板,向脚本窗口添加语句。
③ 测试影片。

7.3.3 给关键帧设置 stop 语句

默认情况下,动画会自动的循环播放,如果让动画开始时静止,通过某种交互以后再播放,则可以在动画的第 1 帧设置帧动作 stop,这个方法在交互动画中经常使用。

在例 7-1 中可以给第 1 帧设置帧动作 stop,步骤如下:
① 单击"背景"层的第 1 帧→打开"动作"面板。
② 展开"时间轴控制"组→双击 stop 命令,脚本窗口出现"stop()"。
③ 测试影片,动画开始时静止,单击绿按钮才播放。

7.3.4 给动态文本域赋值

变量是用来存储和获取信息的内存单元,给动态文本域赋值要用变量来实现。首先给动态文本域变量起一个名字,然后用动作给变量赋值,动画播放时,变量的当前值会显示在动态文本域中。

下面用一个实例来介绍如何用帧动作给动态文本域赋值。

例 7-3 动态显示文本

动画播放时,单击按钮使文本滚动一行显示。

操作步骤如下:
① 新建文档→将图层 1 改名为"文本"→将舞台背景颜色设置为浅灰色。
② 选取文本工具→在"属性"面板中选择"动态文本"→设置字体为黑体→设置字号为 30→设置字颜色为黑色→在舞台中画只能显示一行文字的文本区域。
③ 展开"段落"组→设置行数为"多行"→展开"选项"组→给动态文本域变量起名为 aa,如图 7-12 所示。
④ 新建图层→改名为"按钮"→从公用库中拖出两个按钮放入舞台,按钮中一个有向上的箭头,一个有向下的箭头。文本域和按钮如图 7-13 所示。

图 7-12 动态文本域

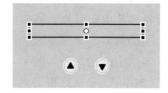

图 7-13 文本域和按钮

⑤ 选取有向上箭头的按钮,动作代码如下:

```
on(press){
    aa.scroll-=1;        //向上滚动
}
```

⑥ 选取有向下箭头的按钮,动作代码如下:

```
on(press){
    aa.scroll+=1;        //向下滚动
}
```

⑦ 单击"文本"层的第 1 帧,帧动作代码如下:

aa = "人生最可贵的品格是诚实,人生最宝贵的财富是健康。"

⑧ 测试影片。单击向下箭头的按钮,文本向下滚动一行;单击向上箭头的按钮,文本向上滚动一行。

动画效果如图 7-14 所示。

说明:

① 本例使用了文本滚动行数的动作指令 scroll,设定文字块滚动行数。

语法:变量名.scroll = x;

其中:变量名是动态文本域的名字,x 为文字块滚动的行数,默认值为 1。如果 x 的值大于 0,文字块向下滚动;如果 x 的值小于 0,文字块向上滚动。

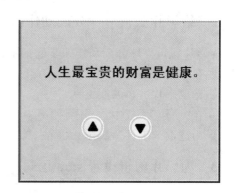

图 7-14 动态显示文本

② 表达式"aa.scroll -=1"也可以写成"aa.scroll = aa.scroll-1",作用是将 aa 的当前行数减去 1 再放入 aa 中。"-="是自减符号,表示将自减符号两边的数值之差赋予自减符号左边的变量。

③ 语句"aa= "人生最可贵的品格是诚实,人生最宝贵的财富是健康。""是给变量赋值,aa 的值就是动态文本域中显示的内容。

7.4 给影片剪辑分配动作

7.4.1 影片剪辑事件

影片剪辑事件用于影片剪辑实例,事件大都在"动作"面板的"影片剪辑控制"组中。

比较常用的影片剪辑事件是 onClipEvent 事件,它能引发给影片剪辑实例定义的动作。影片剪辑脚本从 onClipEvent()开始,与按钮脚本从 on 开始相似。

在"动作"面板左窗口双击 onClipEvent 后,系统会提供选项列表,双击选定的项目,该项目会出现在"onClipEvent()"的括号中。选项列表如图 7-15 所示。

常用的选项及作用如下:

① load:影片剪辑一旦被实例化并出现在时间轴中,引发动作。

图 7-15 选项列表

② unload:当从时间轴中删除影片剪辑后,在第 1 帧引发动作。

③ mouseMove:每次移动鼠标时引发动作。用_xmouse 和_ymouse 属性确定当前鼠标位置。

④ mouseDown:按下鼠标左键时引发动作。

⑤ mouseUp:释放鼠标左键时引发动作。

⑥ keyDown:按下某个键时引发动作,用 Key.getCode() 获取该键信息。

⑦ keyUp:释放某个键时引发动作,用 Key.getCode()获取该键信息。

7.4.2 给影片剪辑事件分配动作的一般流程

为影片剪辑事件分配动作的步骤如下:
① 在舞台中生成影片剪辑的实例。
② 选取影片剪辑的实例。
③ 在"动作"面板中选择事件。
④ 为选取的事件写脚本。

7.4.3 为影片剪辑设置 stop 语句

影片剪辑实例独立于主电影的时间轴,动画播放时动画中的影片剪辑实例会自动播放。如果用交互手段来控制实例的播放,则通常要给实例设置一个 stop 语句,让实例在动画播放时先静止,然后通过动画中设置的交互手段来控制实例的播放或停止。

下面用一个实例来介绍如何给影片剪辑设置 stop 语句。

例 7-4 给影片剪辑设置 stop 语句

动画播放时,影片剪辑实例"小鸟"是静止的,单击播放按钮才会动起来。

操作步骤如下:
① 新建文档→打开"例 7-1 用按钮控制动画播放.fla"。

② 制作两个大小相同的矩形按钮→按钮上分别写 play 和 stop。

③ 单击第 1 帧→在"属性"面板中定义帧标签为 a1→从例 7-1 文档的库里向舞台拖入影片剪辑元件"小鸟 2"→从当前文档库里向舞台拖入 play 按钮。舞台布置如图 7-16 所示。

④ 在第 2 帧插入关键帧→在"属性"面板中定义帧标签为 a2→查看并记下 play 按钮的坐标→删除 play 按钮的→向舞台拖入 stop 按钮→设置 stop 按钮坐标与 play 按钮坐标相同。

图 7-16　布置舞台(例 7-4)

⑤ 在第 3 帧插入关键帧→在"属性"面板中定义帧标签为 a3→删除 stop 按钮。

⑥ 选取第 1 帧的"小鸟"→在"动作"面板的"影片剪辑控制"组中双击 onClipEvent→在选项列表中双击 load→在"时间轴控制"组中双击 stop。动作代码如下：

```
onClipEvent(load){
    stop();                  //影片剪辑实例载入时静止
}
```

⑦ 第 1 帧 play 按钮的动作代码如下：

```
on (press) {
    gotoAndPlay("a2");       //单击 play 按钮转到标签为 a2 的帧继续播放
}
```

⑧ 第 1 帧的帧动作代码如下：

```
stop();                      //只要动画到达第 1 帧就停止播放
```

⑨ 第 2 帧 stop 按钮的动作代码如下：

```
on (release) {
    gotoAndStop("a1");       //单击 stop 按钮转到标签为 a1 的帧停止播放
}
```

⑩ 第 3 帧的帧动作代码如下：

```
gotoAndPlay("a2");           //动画播放到该帧以后总是转回到 a2 帧
```

⑪ 测试影片。动画开始时影片剪辑实例是静止的，单击 play 按钮，影片剪辑播放，同时 play 按钮变为 stop 按钮；单击 stop 按钮，动画又进入静止状态，同时 stop 按钮变为 play 按钮。

带有帧标签的时间轴如图 7-17 所示。

图 7-17　带有帧标签的时间轴

说明：

① 设置了帧动作的帧格都有字母 a 标记，设置了帧标签的帧格有小旗。

② 有帧跳转动作时，最好用帧标签标识帧。

7.4.4 载入和卸载影片剪辑

载入和卸载影片剪辑用 loadMovie 语句和 unloadMovie 语句实现。

loadMovie 语句可以在播放原始 SWF 文件的同时将附加的 SWF 文件或 JPEG 文件加载到 Flash 播放器中。如果不使用 loadMovie 语句，Flash 播放器只显示单个 SWF 文件，然后关闭。unloadMovie 语句可以卸载由 loadMovie 语句载入的文件。

1. 载入影片剪辑语句 loadMovie

语法：实例名.loadMovie("URL", target [,method]);

说明：

① URL：要载入的文件名和文件的绝对地址或相对地址，用引号括起来。相对路径必须相对于原始的 SWF 文件。绝对 URL 必须包括协议引用，例如 http://或 file://。如果加载的文件与原始动画文件放在同一个文件夹中，那么只写文件名即可。

② target：加载文件的显示位置，如果是表达式，则不能加引号；如果是其他情况，则加不加引号都可以。用户可以使用目标影片剪辑的名字和路径来定位加载的文件，加载对象的左上角与目标影片剪辑的中心点对齐。加载到目标的文件或图像会继承目标影片剪辑的位置、旋转和缩放属性。如果目标为原始文件，则加载的图像或 SWF 文件的左上角与舞台的左上角对齐；如果加载的文件与原始动画文件放在同一个文件夹中，则 target 可以用 this 表示。

例如：

```
loadMovie("bird.swf", _root.aa);
```

功能：将 bird.swf 文件加载到实例名称为 aa 的影片剪辑位置，aa 在主时间轴上。

上面语句也可以写为

```
aa.loadMovie("bird.swf",this);
```

例如：

```
loadMovie("dog.jpg", "bb");
```

功能：向影片剪辑实例 bb 所在位置加载一个 JPEG 图像，图像与调用 loadMovie() 函数的 SWF 文件的目录相同。

上面语句也可以写为

```
bb.loadMovie("dog.jpg",this);
```

③ method：可选参数，指定发送变量的 HTTP 方法。该参数必须是字符串 GET 或 POST。如果没有要发送的变量，则省略此参数。GET 方法将变量追加到 URL 的末尾，它用于发送少量的变量。POST 方法是在单独的 HTTP 标头中发送变量，用于发送大量的变量。

2. 卸载影片剪辑语句 unloadMovie

使用 unloadMovie 语句可以删除用 loadMovie 语句载入的电影或图像。

语法:unloadMovie(target);

说明:

target:影片剪辑的目标路径。

例如:

unloadMovie("_root.aa");

卸载主时间轴上的影片剪辑 aa。

3. 将影片剪辑加载到指定级别语句 loadMovieNum

在 Flash 播放器中,动画文件(又称影片文件)按加载顺序都被分配了一个级别,级别越高其加载顺序越往后。原始文件是第 0 级,第 1 个被加载,它的背景颜色、播放速度和帧的大小决定了其他动画的背景颜色、播放速度和帧大小。

用户可以有选择地把文件加载到某一级,新加载的文件会替换原来的文件,如果把一个动画文件重新加载到第 0 级,原有各级别的文件都会被卸载,并且背景颜色、播放速度和帧的大小会随新文件而改变。

用 loadMovieNum 语句加载的动画文件要用 unloadMovieNum 语句卸载。

语法:loadMovieNum("动画文件的 URL",级别);

功能:将指定动画文件加载到指定级别中。

例如:

loadMovieNum("bird.swf", 4);

功能:将 bird.swf 加载到级别 4 中。

语法:unloadMovieNum(级别);

功能:卸载指定级别中的动画。

例如:

unloadMovieNum(4);

功能:卸载已经加载到级别 4 中的影片。

下面用一个实例来介绍如何加载 JPEG 图片。

例 7-5 加载 JPEG 图片

动画播放时,单击按钮可以将相应图片显示到指定位置。

操作步骤如下:

① 在动画所在位置新建 dog 文件夹→将 4 幅大小为 210×158 的 JPEG 图片复制到文件夹中→图片分别命名为 dog1.jpg、dog2.jpg、dog3.jpg 和 dog4.jpg。

② 新建文档→新建影片剪辑元件"矩形"→画大小为 210×158 的矩形→黄色填充黑色边框→坐标为(0,0),注册点在矩形左上角。

③ 将"矩形"拖放到舞台中→在"属性"面板中为影片剪辑实例命名为 aa。

④ 新建按钮元件→在舞台生成按钮的 4 个实例→排成一排放在矩形下面→分别在按钮下面写文字 dog1、dog2、dog3 和 dog4。舞台布置如图 7-18 所示。

⑤ 选取第 1 个按钮,动作代码如下:

```
on (press) {
    aa.loadMovie("dog/dog1.jpg",this);   //将图片dog1.jpg加载到影片剪辑aa的位置
}
```

⑥ 第 2 个按钮的动作代码如下：

```
on (press) {
    aa.loadMovie("dog/dog2.jpg", _root);//此处_root的作用与this相同
}
```

⑦ 类似设置第 3、第 4 个按钮的动作代码，加载文件分别为 dog3.jpg 和 dog4.jpg。

⑧ 测试影片。单击一个按钮，与按钮对应的图片会显示在影片剪辑位置，如图 7 - 19 所示。

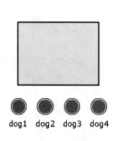
图 7 - 18　舞台布置(例 7 - 5)

图 7 - 19　加载图片

说明：

① 本例的主电影时间轴只有一个帧，库中只有两个元件。

② 如果图片与动画在同一位置，则语句"aa.loadMovie("dog/dog1.jpg",this)"可改为"aa.loadMovie("dog1.jpg",this)"，路径部分有变化。

③ 按钮 1 与按钮 2 的代码作用相同，建议都用按钮 1 的写法。

7.4.5　设置影片剪辑的属性

设置影片剪辑的属性用 setProperty 语句实现。setProperty 语句可以在播放动画时改变影片剪辑的属性，如位置、可见性、透明度、缩放比例和旋转角度等。

说明：凡要设置属性的影片剪辑实例都要先命名再设置。

1. setProperty 的语法

语法：setProperty("实例名",属性名,属性值);

说明："属性值"可以用表达式。

2. 常用的影片剪辑属性

常用的影片剪辑属性有如下几个：

① _x 和 _y 属性：单位是像素，设置影片剪辑实例的水平和垂直位置。以舞台左上角为基准，x 轴以右为正方向，y 轴以下为正方向。用"实例名._x"代表实例当前的 x 值，用"实例名._y"代表实例当前的 y 值。

例如：

```
setProperty("dog", _y, 100);              //将实例垂直坐标设置为100
setProperty("dog", _y, dog._y + 50);      //将实例垂直坐标下移50个像素
```

② _visible 属性：设置影片剪辑的可见性，默认值为 true（真）。如果设置为 false（假），影片剪辑实例将不可见，并且该实例中所有交互都无效。使用时也可以用非 0 的数字表示真，用数字 0 表示假。

例如：

```
setProperty("dog", _visible, false);      //将实例设置为不可见
setProperty("dog", _visible, 0);          //用数字0与用false效果相同
```

③ _alpha 属性：设置影片剪辑的透明度，范围在 0～100 之间，值为 0 时影片剪辑完全透明，值为 100 时影片剪辑不透明。影片剪辑即使完全透明也仍然有交互能力。

例如：

```
setProperty("dog", _alpha, 0);            //将实例设置为完全透明
setProperty("dog", _alpha, 50);           //将实例透明度设置为50%
```

④ _xscale 和 _yscale 属性：设置影片剪辑的缩放比例，单位是百分比，默认值是 100，值为 100 时不缩放。

例如：

```
setProperty("dog", _xscale, 50);          //将实例横向缩小50%
setProperty("dog", _yscale, 150);         //将实例纵向放大50%
```

⑤ _rotation 属性，设置影片剪辑的旋转角度，以度（°）为单位。

例如：

```
setProperty("dog", _rotation, 30);        //将实例顺时针旋转30°
setProperty("dog", _rotation, -45);       //将实例逆时针旋转45°
```

下面用一个实例来介绍如何定义影片剪辑的显示和隐藏属性。

例 7-6 显示和隐藏影片剪辑

动画播放时，单击按钮显示或隐藏影片剪辑。

操作步骤如下：

① 向舞台导入一幅图片→设置图片大小为 140×105→放在舞台中央→将图片转换成为影片剪辑元件→在"属性"面板中给实例命名为 dog。

② 从公用库向舞台拖入两个按钮→分别在按钮下写"显示"和"隐藏"。舞台布置如图 7-20 所示。

③ "显示"按钮的动作代码如下：

```
on(press){
    setProperty(dog,_visible,true);
}
```

图 7-20　舞台布置(例 7-6)

④ "隐藏"按钮的动作代码如下：

on(press){
setProperty(dog,_visible,false);
}

⑤ 测试影片。单击"隐藏"按钮，图片消失；单击"显示"按钮，图片显示。

说明：

① "setProperty(dog,_visible,false)"可以用"dog._visible=0"替换下来，两语句作用相同。同样，"setProperty(dog,_visible,true)"与"dog._visible=1"作用相同。

② 如果用一对单引号将几行语句括起来，被括起来语句就成为注释语句，注释语句是非执行语句。

7.4.6　拖放影片剪辑到指定位置

拖动影片剪辑到指定位置，这在交互动画中经常使用。编写脚本时，用 startDrag 语句拖动影片剪辑到指定位置，用 stopDrag 语句停止影片剪辑的拖动。

1. startDrag 的语法

语法：startDrag(target,[lock,left,top,right,bottom]);

功能：将指定的影片剪辑实例拖到指定位置。

说明：

① target：要拖动的影片剪辑实例的名字和目标路径。

② lock：一个布尔值，指定要拖动的影片剪辑是锁定到鼠标位置中央(true)，还是锁定到用户首次单击该影片剪辑的位置上(false)。此参数是可选的。

③ left、top、right 和 bottom：相对于影片剪辑父级坐标的值，这些值指定该影片剪辑的约束矩形。这些参数是可选的。

2. stopDrag 的语法

语法：stopDrag();

功能：停止当前的拖动操作。

说明：stopDrag 语句没有参数。

3. 使用 startDrag 和 stopDrag 的方法

使用 startDrag 语句可以拖动一个影片剪辑。执行了 startDrag 语句后，影片剪辑保持可拖动状态，直到用 stopDrag 语句停止拖动为止。

若要创建可以停放在任何位置的影片剪辑,可将 startDrag 和 stopDrag 动作附加到该影片剪辑内的某个按钮上。

例如,影片剪辑内有一个按钮,按钮的动作代码如下:

```
on(press){
    startDrag(this);
}
on(release){
    stopDrag();
}
```

在舞台生成影片剪辑的实例,播放动画时,用鼠标按住影片剪辑实例,该实例可拖动,释放鼠标后该实例不可拖动。其中,关键字 this 用来引用当前正在执行范围中的对象。

下面用一个实例来介绍如何拖动影片剪辑。

例 7-7 拖动影片剪辑

动画播放时,随意拖动影片剪辑的实例。

操作步骤如下:

① 制作 5 个大小为 60×60 的矩形按钮→分别标上数字 1、2、3、4、5→按照标号将按钮命名为 button1、button2、button3、button4 和 button5。

② 新建影片剪辑"movie1"→将 button1 拖入元件编辑区→坐标为(0,0)→定义 button1 的动作代码如下:

```
on(press){
    startDrag(this);
}
on(release){
    stopDrag();
}
```

③ 制作影片剪辑"movie2"→将 button2 拖入元件编辑区→坐标为(0,0)→定义 button2 的动作代码如下:

```
on(press){
    startDrag(this);
}
on(release){
    stopDrag();
}
```

④ 利用同样的方法制作影片剪辑 movie3、movie4 和 movie5,"库"面板如图 7-21 所示。

⑤ 制作按钮→设置按钮上的文字为"回到初始位置"。

⑥ 单击场景名结束元件编辑→将 5 个影片剪辑拖入舞台生成 5 个影片剪辑的实例→在舞台中排成一排→在"属性"面板中按照实例上的标号分别给实例命名为 a1、a2、a3、a4 和 a5。

⑦ 将按钮放在舞台下方的位置→给按钮写动作脚本,代码如下:

```
on (press) {
    a1._x = 30;a1._y = 100;
    a2._x = 100;a2._y = 100;
    a3._x = 170;a3._y = 100;
    a4._x = 240;a4._y = 100;
    a5._x = 310;a5._y = 100;
}   //单击按钮使 5 个实例回到初始位置
```

⑧ 给第 1 帧写帧脚本,代码如下:

```
a1._x = 30;a1._y = 100;
a2._x = 100;a2._y = 100;
a3._x = 170;a3._y = 100;
a4._x = 240;a4._y = 100;
a5._x = 310;a5._y = 100;
```

⑨ 测试影片,动画播放时实例排成一排,随意拖动实例到不同位置,实例会停在该处,单击"回到初始位置"按钮,实例又回到初始位置,如图 7-22 所示。

图 7-21 "库"面板(例 7-7)

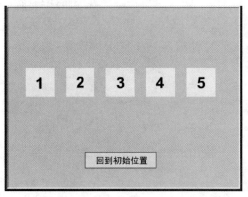 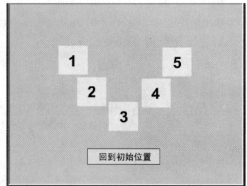

图 7-22 拖动实例

7.5 上机实验 制作简单交互动画

7.5.1 实验 1——鼠标划过产生水波纹

1. 实验目的

制作包含按钮的影片剪辑元件"水波纹",给按钮写脚本,动画播放时,鼠标划过处产生水波纹。通过本实验,进一步了解脚本的使用方法。动画效果如图 7-23 所示。

2. 具体要求

① 制作透明按钮。
② 用透明按钮和补间形状制作影片剪辑。

③ 添加帧脚本和按钮脚本实现动画效果。

3．操作步骤

① 新建"实验 7-1 单击产生水波纹.fla"文档→定义文档背景色为蓝色。

② 新建按钮元件→在"点击"帧插入关键帧→画 60×60 的正方形热区→正方形坐标为 (0,0)。这样制作的按钮是透明按钮。

③ 新建影片剪辑元件"水波纹"→将元件编辑的图层 1 改名为"按钮"→将透明按钮拖入第 1 帧→坐标为(0,0)→新建"水波 1"层→在第 2 帧插入关键帧→用第 2～15 帧制作水圈放大效果→再建图层"水波 2"和"水波 3"→空几个帧格插入关键帧→将"水波 1"的帧复制粘贴到图层"水波 2"和图层"水波 3"→删除复制粘贴过程中多余的帧。

④ 单击"水波 3"层的第 1 帧→加入帧动作脚本"stop();"。影片剪辑"水波纹"的时间轴如图 7-24 所示。

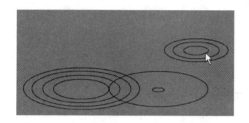

图 7-23　鼠标划过处产生水波纹

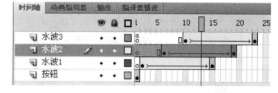

图 7-24　影片剪辑"水波纹"的时间轴

⑤ 选取"按钮"层中的透明按钮,动作代码如下:

```
on(rollOver){        //rollOver 为鼠标划过事件
    play();
}
```

⑥ 单击场景名结束元件编辑→单击图层 1 的第 1 帧→向舞台多次拖入影片剪辑元件"水波纹"→使实例布满舞台→将实例排列整齐,如图 7-25 所示。

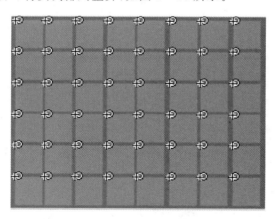

图 7-25　影片剪辑的实例布满舞台

⑦ 测试影片,鼠标划过处会有水波纹产生。

7.5.2 实验 2——设置影片剪辑属性

1. 实验目的

给多个按钮写脚本,单击一个按钮更改影片剪辑的一个属性。通过本实验,进一步了解影片剪辑属性的使用方法。动画效果如图 7-26 所示。

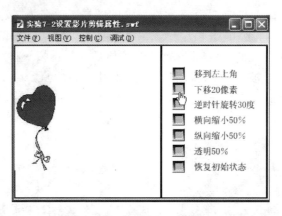

图 7-26 设置影片剪辑属性

2. 具体要求

① 添加 7 个按钮,对应影片剪辑实例的 7 个属性。
② 给按钮写脚本,实现相应属性设置。

3. 操作步骤

① 新建"实验 7-2 设置影片剪辑属性.fla"文档→用直线工具把舞台分成两个区域。
② 向舞台导入一幅图片→将图片转换成影片剪辑→给实例起名为 ball→放在舞台左区域的右下角。
③ 在舞台右区域添加 7 个按钮→每个按钮旁边写说明文字。说明文字从上到下依次是:"移到左上角"、"下移 20 像素"、"逆时针旋转 30 度"、"横向缩小 50%"、"纵向缩小 50%"、"透明 50%"、"恢复初始状态"。舞台布置如图 7-27 所示。

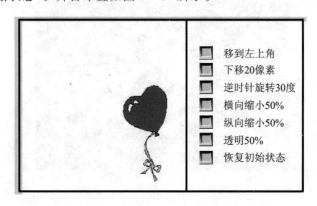

图 7-27 舞台布置(实验 2——设置影片剪辑属性)

④ 从上到下为每个按钮写动作脚本，分别如下。

"移到左上角"按钮的动作代码：

```
on(release){
    setProperty("ball", _x, "0");
    setProperty("ball", _y, "0");
}           //影片剪辑移到舞台左上角
```

"下移20像素"按钮的动作代码：

```
on(release){
    setProperty("ball", _y, ball._y + 20);
}           //影片剪辑向下移动20像素
```

"逆时针旋转30度"按钮的动作代码：

```
on(release){
    setProperty("ball", _rotation, "-30");
}           //影片剪辑逆时针旋转30°
```

"横向缩小50%"按钮的动作代码：

```
on(release){
    setProperty("ball", _xscale, "50");
}           //影片剪辑水平方向缩小50%
```

"纵向缩小50%"按钮的动作代码：

```
on(release){
    setProperty("ball", _yscale, "50");
}           //影片剪辑垂直方向缩小50%
```

"透明50%"按钮的动作代码：

```
on(release){
    setProperty("ball", _alpha, "50");
}           //影片剪辑变的半透明
```

"恢复初始状态"按钮的动作代码：

```
on (release) {
    ball._x = 160;
    ball._y = 100;
    setProperty("ball", _alpha, "100");
    setProperty("ball", _rotation, "0");
    setProperty("ball", _xscale, "100");
    setProperty("ball", _yscale, "100");
}           //影片剪辑恢复到初始状态
```

⑤ 测试影片，单击按钮会把相应的属性附加到影片剪辑实例上。

说明：
① 语句"ball._x=160;"等价于"setProperty("ball", _x, "160");"。
② 语句"ball._y=100;"等价于"setProperty("ball", _y, "100");"。

思考题与上机练习题七

1．思考题

（1）什么是事件？Flash事件分几种类型？

（2）如何识别设置了动作脚本的帧格？

（3）什么是脚本？

（4）"动作脚本不区分大小写"的说法对吗？

（5）按钮的动作脚本都是从什么语句行开始的？

（6）使动画停止播放通常用什么语句实现？

（7）帧动作只能分配给什么帧？

（8）影片剪辑脚本从什么语句行开始？

2．上机练习题

（1）制作"小球滚下山"动画，用按钮控制影片的播放和停止。

（2）制作动画，单击处会有一朵花儿开放。

（3）制作动画，用按钮和loadMovie()方法显示两个不同的SWF文件。

（4）制作动画，单击一个图片按钮显示对应的大图片。

第 8 章 制作高级交互动画

第 8 章程序　第 8 章 3.0 程序

制作交互动画的关键是编写脚本,脚本是由大量语句组成的。语句的执行分 3 种结构:顺序结构、条件结构和循环结构。本章介绍了 3 种结构的流程控制语句,并结合面向对象的程序设计思想,制作了稍微复杂一些的交互动画。

8.1 程序设计的基本概念

8.1.1 对象、属性、方法和事件

Flash 的动作脚本与 JavaScript 的相似,都是采用面向对象的编程方式,所以要了解面向对象编程中的一些基本概念,比如对象、属性、方法和事件等。

1. 对　象

在 Flash 脚本中,对象是属性和方法的集合。每个对象都有各自的名称,并且都是特定类的实例。对象可以是影片剪辑实例、按钮、图像、组件、表单和文档等。有一类对象称为内置对象,是系统在动作脚本语言中预先定义的。比如内置的 Date 对象,它提供了计算机系统时钟的信息。

使用对象时,要先将对象实例化,然后用实例调用对象的属性和方法。大多数对象只有实例化以后才能使用,如 Date 对象、Color 对象、Array 对象和 String 对象。

实例化一个对象用 new 操作符。

语法:实例名称=new 对象名();

例如:

tt = new Date();

功能:实例化一个 Date 对象。

Flash 中有一部分对象不需要实例化,可以直接使用,这样的对象称为顶级对象,如 Mouse 对象、Key 对象和 Math 对象。

2. 属　性

属性用于描述和定义对象的特性。例如,_visible 是定义影片剪辑是否可见的属性,所有影片剪辑都有此属性。每个对象都会有若干属性,不同对象有不同的属性集合。定义和修改属性可以控制对象的外观。

语法:实例名称.属性名=属性值;

例如:

dog._visible = true;

功能:设置影片剪辑 dog 的可见性为真。

3. 方 法

方法是与类关联的函数,用于描述对象的特定功能。例如,loadMovie()是影片剪辑的方法,能够将指定的影片剪辑载入到指定位置。

语法:实例名称.方法名(参数表);

例如:

pic.loadMovie("dog.swf",this);

功能:将 dog.swf 文件加载到影片剪辑实例 pic 所在的位置。

4. 事 件

事件是系统预先定义好的能被对象识别的动作,不同的对象对应不同的事件。只要用户单击或按下某个键,该动作就会生成一个事件,之后编写的脚本就会响应或处理这些事件。在 SWF 文件中,按钮、影片剪辑和文本字段都能生成可以响应的事件。

Flash 脚本提供了 3 种方法来处理事件:on()和 onClipEvent()、事件处理函数、事件侦听器。

8.1.2 常量、标识符、表达式和关键字

1. 常 量

常量是不变的元素,例如数字 10、字符串"张三"、逻辑值 true 等。还有一种常量是系统常量,例如 Key.TAB,它代表键盘上的 Tab 键。

2. 标识符

标识符是用于表示变量、属性、对象、函数或方法的名称。

标识符构成如下:

① 由英文字母、阿拉伯数字、下划线、美元标记 $ 组成。
② 第一个字符必须是字母、下划线或美元标记 $。
③ 标识符中不能包含空格。
④ 标识符不能使用关键字,如 var 是声明本地变量的关键字,不能用作标识符。
⑤ 标识符区分大小写,如 name 和 Name 是不同的标识符。

3. 表达式

表达式是由运算符和操作数组成的任意合法组合。运算符是通过值的计算而产生新值的符号,如加法运算符"+"可以将两个值相加产生一个新值。被运算符处理的值称为操作数,如在表达式"x+2"中,x 和 2 是操作数,而"+"是运算符。

4. 关键字

动作脚本保留一些单词用于脚本中的特定用途,这些保留单词称为关键字。标识符不能与关键字相同。动作脚本中保留的关键字见表 8-1。

表 8 – 1　动作脚本中的关键字

关键字	关键字	关键字	关键字
break	case	class	continue
default	delete	dynamic	else
extends	for	function	get
if	implements	import	in
instanceof	interface	intrinsic	new
private	public	return	set
static	switch	this	typeof
var	void	while	with

8.1.3　变　量

变量是用来存放某种类型数值的内存单元,在脚本中用标识符代表。变量类似于包含信息的容器,容器本身始终不变,但内容可以更改。变量中可以存储的信息类型包括 URL、用户名、数学运算的结果、事件发生的次数,以及是否单击了某个按钮等。每个 SWF 文件和影片剪辑实例都有一组变量,每个变量都有各自的值,与其他 SWF 文件或影片剪辑中的变量无关。

关于变量有以下说明。

1. 声明变量

使用变量之前要先声明变量的类型再使用。虽然 Flash 脚本中的变量即使不声明也能直接使用,但还是声明一下比较规范。

声明变量使用 var 关键字,包含两方面的内容:给变量起名和给变量定义类型。变量名称必须是标识符,变量在其作用范围内必须是唯一的,可以一次声明多个变量。

在声明变量的同时可以为变量赋值,称为变量初始化。

例如:

var　name_1,name_2,name_3;

功能:声明了 3 个变量。

例如:

var s5 = false;

功能:声明了 1 个变量并使变量初始化。

2. 确定变量范围

变量范围是指可以引用变量的区域。在动作脚本中有 3 种类型的变量范围,具体如下:
① 本地变量:在声明它们的函数体内可用。

本地变量的使用范围只限于声明变量的代码块,代码块结束时变量的作用到期,没有在代码块中声明的本地变量会在它的脚本结束时到期。

例如下面的例子,i 和 s 都是本地变量,只在函数 abc() 内部有效。

```
function abc(){
var i,s = 0;
for( i = 0; i<10; i++ ){
s = s + i;
}
}
```

本地变量的值只有在它自己的代码块中才可更改,所以,函数体中尽量使用本地变量,既可以防止出现名称冲突,又可以增强函数的独立性。如果函数体中使用了全局变量,则在函数体外部也能更改变量的值,相当于更改了函数。

② 时间轴变量:可用于该时间轴上的任何脚本。

声明时间轴变量,要注意定义变量的位置,如果在第 20 帧用代码"var x=10;"定义了变量,则第 20 帧之前任何帧上的脚本都无法访问变量 x。

③ 全局变量和函数,对于文档中的每个时间轴和范围均可用。

创建全局变量,要在变量名称前加"_global"标识符,不能再使用 var 关键字。

例如:

```
var _global.myName = "Zhangsan";
```

功能:出现语法错误提示。

例如:

```
_global.myName = "Zhangsan";
```

功能:创建全局变量并给变量赋值。

说明:如果全局变量与本地变量名称相同,则在本地变量的范围内不能访问全局变量。

例 8-1 全局变量与本地变量的作用范围

操作步骤如下:

① 在舞台建立两个动态文本框→在"属性"面板中定义文本域变量名为 aa 和 bb→分别在两个文本框上方写文字说明,舞台布置如图 8-1 所示。

② 单击第 1 帧→写帧动作脚本如下:

```
_global.s = 100;           //定义一个全局变量并为变量赋值
s++;                       //全局变量递增
aa = s;                    //aa 中输出 101
function count(){          //定义函数
var s;                     //定义一个与全局变量同名的本地变量
for( s = 1; s<= 5; s++ ){  //定义 for 循环
bb = bb + " " + s;         // bb 中输出 1~5
}
}
count();                   //调用函数
s++;                       //全局变量递增
aa = aa + " " + s;         //在 aa 中显示 101 和 102
```

③ 测试影片，窗口显示程序结果，如图 8-2 所示。

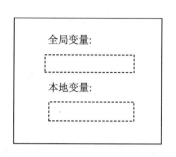

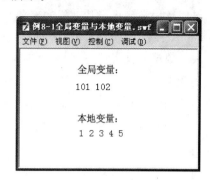

图 8-1 舞台布置(例 8-1)   图 8-2 窗口显示结果

说明：如果动态文本框不显示文字，需要为文本框设置字体嵌入选项。选中文本框，在"属性"面板中单击"嵌入"按钮，做相应设置。

3. 在脚本中使用变量

在脚本中使用变量应注意以下几点：

① 脚本中的变量应该先声明后使用。如果不声明就直接使用变量，那么脚本可能产生意外结果。

例如：

```
var s = x * x;
trace(s);                //显示 NaN，因为变量 x 未声明
```

② 声明变量要注意次序。

例如：

```
var x = 6;               //必须首先声明 x 才能在后面的语句中使用 x 的值
var s = x * x;           //调用 x 的值计算出 s 的值
trace(s);                // 输出 36
```

③ 在一个脚本中可以多次更改变量的值，每一次调用的都是变量的当前值。

例如：

```
var x = 15;
var y = x;
x = 30;                  // x 的当前值是 30，而 y 的当前值是 15
```

说明：

① trace()函数能在影片测试模式下计算表达式的值并将结果显示在"输出"窗口中。在"动作"面板中单击"全局函数"→单击"其他函数"，可以找到 trace()函数。

② 以上简单测试变量的语句可以放在帧脚本中，测试影片时在"输出"窗口中查看。

8.1.4 数据类型

数据类型描述变量或动作脚本元素所包含的信息的种类，每种数据类型都有其各自的规

则。系统内置了两种数据类型:原始数据类型和引用数据类型。原始数据类型指字符串、数字和布尔值。引用数据类型指影片剪辑和对象。任何不属于原始数据类型或影片剪辑数据类型的内置对象(如 Array 或 Math)均属于对象数据类型。

用户定义的数据类型有如下几种:

1. 字符串类型

字符串类型的数据是用单引号或双引号括起来的字符序列,可以用加法运算符(+)连接两个字符串。例如,"Happy New Year"是字符串类型的值。

2. 数字类型

数字类型的数据包括整数和浮点数。整数如 3、0、−1;浮点数含有小数部分,通常使用科学记数法,如 2.5E10 代表 2.5×10^{10},其中的 E 大小写均可。

使用加(+)、减(−)、乘(*)、除(/)、求模(%)、递增(++)和递减(−−)等算术运算符可以处理数字。处理数字也可使用内置的 Math 和 Number 类的方法。

3. 布尔类型

布尔类型又称为逻辑类型,用于逻辑运算。布尔类型的数据只有两种取值:true(逻辑真)和 false(逻辑假)。动作脚本有时会将 true 和 false 转换为 1 和 0。

4. Object 类型

Object 类型又称为对象类型。对象是属性的集合,每个属性都有名称和值。属性的值可以是任何数据类型,甚至是对象类型。每个对象都有若干个属于自己的方法。

用"对象名.属性名"指定对象及其属性。

用"对象名.方法名"指定对象及其方法。

用户可以使用内置动作脚本对象来访问和处理特定种类的信息。

例如:

```
squareRoot = Math.sqrt(100);
```

功能:用 Math 对象的 sqrt 方法求出 100 的平方根,然后赋给变量 squareRoot。

5. MovieClip 类型

MovieClip 类型又称为影片剪辑类型,是 Flash 应用程序中可以播放动画的元件,也是唯一引用图形元素的数据类型。MovieClip 数据类型允许使用 MovieClip 类的方法控制影片剪辑元件。

例如:

```
aa.startDrag(true);
```

功能:用影片剪辑 startDrag 方法使影片剪辑实例可拖动。

8.1.5 内置函数

函数是可以在 SWF 文件中的任意位置重复使用的动作脚本代码块。函数执行运算,也可以返回值。每个函数都有各自的特性,有些函数需要用参数传递特定的值,调用函数时使用函数名称并传递所有必需的参数,有的函数则无须参数。

Flash 有一些内置函数,用于访问特定信息或执行特定任务。属于对象的函数称作方法,不属于对象的函数称作顶级函数。关于 ActionScript 2.0 类函数可以查看"动作"面板中的 ActionScript 2.0 类。

8.2 运算符

8.2.1 算术运算符

在 Flash 脚本中使用的算术运算符如表 8-2 所列。

说明:自增和自减运算只能对变量操作,即 x++不能写成 3++。

系统还提供一些 Math 对象的方法进行高级数学运算,常用的方法有:

① Math.abs()方法,求绝对值。
② Math.max()方法,求最大值。
③ Math.min()方法,求最小值。
④ Math.pow()方法,求幂。
⑤ Math.random()方法,求随机数。
⑥ Math.sqrt()方法,求平方根。
⑦ Math.round()方法,将括号中的值四舍五入取整。

表 8-2 算术运算符

运算符	执行的运算
+	加法
-	减法
*	乘法
/	除法
%	求模(除后的余数)
++	自增
--	自减

打开"动作"面板→在左窗口中单击 ActionScript 2.0 类→单击"核心"→单击 Math→单击"方法",可以查看 Math 对象的所有方法,如图 8-3 所示。

例 8-2 使用 Math 对象进行高级数学运算

操作步骤如下:

① 在舞台中建立两个动态文本框→在"属性"面板中定义文本域变量名为 aa 和 bb→分别在两个文本框左边写文字说明,舞台布置如图 8-4 所示。

图 8-3 Math 对象的方法

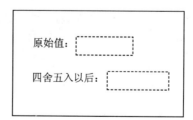

图 8-4 舞台布置(例 8-2)

② 单击第 1 帧→为关键帧写帧动作脚本如下:

x = 4.3;

```
aa = x;
y = Math.round(x);
bb = y;
```

③ 测试影片,显示数字4。舞台显示结果如图8-5所示。

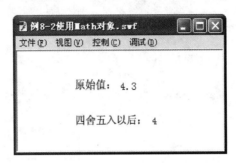

图 8-5 舞台显示结果

说明:Math 对象的 round() 方法具有四舍五入功能。将数字 4.3 改为 4.7 以后再次测试影片,则显示数字 5。

8.2.2 赋值运算符

赋值运算符用于给变量赋值。运算符的左边是变量名、对象的属性名和对象的方法名,运算符的右边可以是常量、变量和表达式。赋值运算符如表 8-3 所列。

表 8-3 赋值运算符

运算符	执行的运算
=	赋值
+=	相加并赋值,相当于 x=x+y
-=	相减并赋值,相当于 x=x-y
*=	相乘并赋值,相当于 x=x*y
%=	求模并赋值,相当于 x=x%y
/=	相除并赋值,相当于 x=x/y

例如:

```
x = 5 + 1;              //把表达式"5+1"的值赋给变量 x
name = "Flash";         //把字符串"Flash"赋给变量 name
y + = 1;                //把变量 y 的当前值加上 1 以后再赋给 y,相当于 y = y + 1
a = b = c = 4;          //同时给 a、b、c 三个变量赋值
dog._x = 200;           //将对象 dog 的 x 坐标赋值为 200
```

8.2.3 比较运算符

比较运算符用于比较表达式的值,根据比较结果返回布尔值(true 或 false),如表 8-4 所列。

表 8-4 比较运算符

运算符	执行的运算
<	小于
>	大于
<=	小于或等于
>=	大于或等于
==	等于
!=	不等于

说明：

① 比较运算符常用于循环语句和条件语句的条件判断中。

例如：

```
if (score > 100){
loadMovie ("dog.swf", this);
}
else {
loadMovie ("cat.swf", this);
}
```

功能： 如果变量 score 的值大于 100，加载 SWF 文件"dog.swf"；否则，加载另外一个 SWF 文件"cat.swf"。

② 等于运算符"=="用来判断两个操作数的值是否相等，返回布尔值(true 或 false)。如果操作数为字符串、数字或布尔值，则按照值进行比较；如果操作数为对象或数组，则按照引用进行比较。

注意： 要把赋值号"="与关系运算符"=="区分开来，初学者常在这里犯错误。

8.2.4 字符串运算符

1. 连接字符串

连接字符串用运算符"+"实现，将两个字符串连成一个字符串。

例如："Flash"+"CS4"，结果是"FlashCS4"。

如果两个操作数中有一个是数字，则动作脚本会将数字视为字符串，做字符串连接。

例如："FlashCS"+4，结果是"FlashCS4"。

2. 比较字符串

比较两个字符串的大小可用比较运算符">"、">="、"<"、"<="来实现，将两个字符串的对应字符逐个比较，用字符的 ASCII 码作为比较依据。

说明：

① 字母顺序在前的小于字母顺序在后的，大写字母小于小写字母。

例如："a"<"c"，结果是 true。

② 当两个字符串的第 1 字符相同时，用第 2 字符比较，以此类推。

例如："abc">"acc"，结果是 false。

③ 如果字符串中的字符相同,则字符个数少的小于字符个数多的。

例如:"aa">"aaa",结果是 false。

④ 空格字符最小。

⑤ 只有两个操作数都是字符串时,比较运算符才会执行字符串比较;如果只有一个操作数是字符串,则动作脚本会将两个操作数都转换为数字,然后执行数值比较。

8.2.5 逻辑运算符

逻辑运算符对布尔值(true 和 false)进行比较,然后返回布尔值,如表 8-5 所列。

表 8-5 逻辑运算符

运算符	执行的运算
&&	逻辑"与",当两边的值都是 true 时结果才是 true
||	逻辑"或",当两边的值都是 false 时结果才是 false
!	逻辑"非",当表达式值为 false 时返回 true,如!(1>2),返回 true

例如:两个操作数都为 true,执行逻辑"与"(&&)操作后返回 true。

逻辑运算符通常与比较运算符结合使用。

例如:

```
if(i>5 && i<10){
play();
}
```

功能:如果表达式"i>5"和"i<10"都为 true,则执行 play 动作;否则,什么都不做。

8.2.6 点运算符和数组访问运算符

用户可以使用点运算符"."和数组访问运算符"[ ]"来访问内置动作脚本对象或自定义动作脚本对象的属性,包括影片剪辑的属性。

1. 使用点运算符

点运算符的左侧是对象名称,右侧是属性名称或变量名称。

例如:

year.month = "June";
year.month.day = 9;

2. 使用数组访问运算符

① 数组访问运算符可以将属性的标识符作为数组下标,然后访问属性的值。

例如:

year["month"] = "June";

② 点运算符与数组访问运算符能执行相同的功能。

例如：

dog.aa;
dog["aa"];

以上两种表达式都能访问影片剪辑 dog 中的变量 aa。

③ 数组访问运算符中可以是表达式。

例如：

name["mc" + i]

8.2.7 运算符的优先级和结合律

当在同一语句中使用两个或多个运算符时，某些运算符会优先于其他运算符，称为运算符的优先级。动作脚本按照一个精确的层次来确定先执行哪些运算符。比如，乘法优先于加法，括号中的项目会优先执行。

当两个或多个运算符优先级相同时，运算顺序从左到右还是从右到左，称为运算符的结合律。系统会按运算符的结合律确定运算的执行顺序。大部分运算符的结合律从左到右，只有少数运算符的结合律从右到左，如赋值运算符、递增运算符和递减运算符。

如果在动作脚本中使用表达式，则要先弄清运算符的优先级与结合律。

常用运算符的优先级与结合律如表 8-6 所列。

表 8-6 常用运算符的优先级与结合律

序 号	优先级	结合律
1	[ ],( )	从左到右
2	!(逻辑非),++,--,-(取负),(类型转换)	从右到左
3	*,/,%	从左到右
4	+,-	从左到右
5	<,<=,>,>=	从左到右
6	==,!=	从左到右
7	&&(逻辑"与")	从左到右
8	||(逻辑"或")	从左到右
9	?:(条件运算符)	从右到左
10	=,+=,-=,*=,/=,%=	从右到左

8.3 程序书写的基本语法

8.3.1 大括号

动作脚本的事件处理函数、类定义和普通函数要用一对大括号"{ }"组合在一起形成块，左大括号可以与声明在同一行或另起一行，右大括号通常单独占一行。

以下是一个求当前月份的事件处理函数代码，可作为帧脚本在"输出"窗口中查看结果。

```
aa = new Date();
bb = aa.getMonth() + 1;
Trace (bb);
```

以下是一个求圆面积的函数代码:

```
aa = function(r){
return r * r * MATH.PI;
}
Trace (aa(3));
```

8.3.2 分 号

动作脚本中每一条语句要以分号";"结束;但是,如果省略分号,则系统也能编译运行脚本。建议使用分号,这是一个好的脚本撰写习惯。

例如:

```
var column = passedDate.getDay();
var row = 0;
```

8.3.3 小括号

在定义函数时,所有参数都要放在小括号中。在调用函数时,要将传递给函数的所有实参都放在小括号中。

例如:

```
function myFunction(name,age,sex){… }            //定义函数
myFunction("Zhangsan",20,"male");                //调用函数
```

8.3.4 注 释

创建脚本时添加注释语句,可以使脚本易于理解。注释语句不是执行语句,只用来说明语句意义。注释内容可以是任意长度,不会影响导出文件的大小,并且注释内容不必遵循动作脚本语法或关键字的规则。建议在脚本关键处使用注释语句说明一下。

注释语句有行注释和块注释两种形式:

① 用"//"注释称为"行注释"。如果给某一行或一行的某一部分加注释,则需要在注释的地方先输入两个斜杠(//),然后将注释内容写在"//"后面。

例如:

```
on (release){
//新建 Date 对象
myDate = new Date();
currentMonth = myDate.getMonth()+1;          //得到月份数
//将月份数转换为月份名称
monthName = calcMonth(currentMonth);
}
```

② 用"/*"和"*/"注释称为"块注释",如果注释语句行数较多,则可以使用符号"/*"和"*/"来创建注释块,系统不执行注释块中的任何代码。调试程序中想跳过某个代码段,通常的做法就是把要跳过的代码段变成注释块。另外,也可以用一对单引号来注释块。

例如:

```
//运行以下代码
var x = 15;
var y = 20;
//不运行以下代码
/*
on(release){
myDate = new Date();              //创建新的 Date 对象
currentMonth = myDate.getMonth() + 1;  //得到月份数
monthName = calcMonth(currentMonth);   //将月份数转换为月份名称
}
*/
//运行以下代码
x++;
y++;
```

以上代码只运行了 4 句。运行后,x 的值是 16,y 的值是 21。

8.3.5 点语法

在动作脚本中,点(.)用于指示与对象或影片剪辑相关的属性或方法,还用于标识影片剪辑、变量、函数或对象的目标路径。点的左侧是对象或影片剪辑的名称,点的右侧是要指定的元素。

例如,_x 是影片剪辑属性,指示影片剪辑在舞台上的 x 轴位置。表达式"dog._x"引用了影片剪辑实例 dog 的_x 属性。

例如,form 是一个影片剪辑实例,嵌在影片剪辑 shopping 中,submit 是 form 中设置的变量,表达式"shopping.form.submit=true"将实例 form 的 submit 变量设置为 true。

点语法使用两个特殊别名:_root 和_parent。使用_root 创建绝对目标路径,使用_parent 创建相对目标路径,或引用当前对象所嵌入的影片剪辑。

例如:

```
_root.shopping.game();
```

实例调用了主时间轴上影片剪辑 shopping 中的 game()函数。

如果影片剪辑 dog 嵌入影片剪辑 animal 内部,那么想要在影片剪辑实例 dog 中发出指令让影片剪辑实例 animal 停止,需使用以下语句代码:

```
_parent.stop();
```

8.3.6 目标路径

目标路径是 SWF 文件中影片剪辑实例名称、变量和对象的分层结构地址。使用目标路径能引导影片剪辑中的动作,设置或取得变量的值。包含动作的时间轴称作控制时间轴,接收动作的时间轴称作目标时间轴。要引用目标时间轴,必须使用目标路径来指明影片剪辑的位置。

Flash 中的时间轴可以用两种方式来确定其位置:绝对路径或相对路径。

实例的绝对路径是以层名开始的完整路径,与发出调用指令的时间轴无关,而实例的相对路径则随调用位置的不同而不同。

例如,位于第 0 层的文档 animal.swf 包含 dog 和 cat 两个影片剪辑,影片剪辑 dog 中包含 dog1 和 dog2 两个影片剪辑,影片剪辑 cat 中包含 cat1 和 cat2 两个影片剪辑。关系如下:

```
_level0         //第 0 层
    animal.swf
        dog
            dog1
            dog2
        cat
            cat1
            cat2
```

实例 dog 的绝对路径是_level0.animal.dog。

从 dog1 出发到 dog 的相对路径是_parent。

从 cat1 出发到 dog 的相对路径是_parent._parent.dog。

8.3.7 _root、_parent 和 this 关键字

关键字_root、_parent 和 this 都用来指定对象实例的目标路径。

1. _root 关键字

在创建绝对路径时,通常用_root 关键字代表主时间轴,可以用这个关键字在影片中任何位置指定主时间轴中的对象。假设 dog 是主时间轴中影片剪辑实例的名称,则在影片中任何位置都可以通过_root.dog 调用 dog 实例。

2. _parent 关键字

在创建相对路径时,通常用_parent 关键字代表父一级的对象。假设 dog1 是影片剪辑 dog 包含的影片剪辑,在 dog1 中可以通过_parent.dog 调用 dog 实例。

3. this 关键字

this 关键字用来代表当前对象。假设当前的影片剪辑是 dog,则影片剪辑 dog1 包含在影片剪辑 dog 中,可以通过 this.dog1 来调用 dog1 实例。

8.4 使用内置对象建立动画

内置对象是系统预置的、提供编程中最常用功能的对象,如字符串处理、时间处理、颜色处理等。许多有特殊效果的动画就是用内置对象建立的。

下面将介绍几个常用的内置对象。

8.4.1 内置对象 Date

Date 对象是最常用的内置对象,用来取得和设置系统的当前日期和时间。与时间有关的脚本指令都放在 Date 对象里面。Date 对象没有属性,只有很多方法,有关系统日期和时间的操作可通过这些方法来实现。

使用 Date 对象首先要创建一个 Date 对象的实例,然后才能调用 Date 对象的方法,用对象名和方法一起完成相应动作。

1. 创建 Date 对象实例

语法:var 对象名=new Date();

例如:

var mydate = new Date();

功能:建立一个 Date 对象的实例 mydate。

2. 使用 Date 对象方法

语法:对象名.方法名();

功能:返回或设置 Date 对象的特定值。

3. Date 对象的常用方法

Date 对象的常用方法如表 8-7 所列。

表 8-7 Date 对象的常用方法

方法名	功能
getFullYear()	返回 Date 对象 4 位数表示的公元年份
getMonth()	返回 Date 对象的月份,用 0~11 表示
getDate()	返回 Date 对象月中的某一天
getDay()	返回 Date 对象星期中的某一天
getHours()	返回 Date 对象的小时数,用 0~23 表示
getMinutes()	返回 Date 对象的分钟数,用 0~59 表示
getSeconds()	返回 Date 对象的秒数,用 0~59 表示
setFullYear()	设置 Date 对象的年份、月份、日期
setMonth	设置 Date 对象的月份、日期
setDate	设置 Date 对象的日期,设置值必须是介于 1~31 的整数
setHours	设置 Date 对象的小时,设置值必须是介于 0~23 的整数
setMinutes	设置 Date 对象的分钟,设置值必须是介于 0~59 的整数
setSeconds	设置 Date 对象的秒数,设置值必须是介于 0~59 的整数

4. 使用 Date 对象制作数字时钟

例 8-3 数字时钟

动画播放时,一个数字时钟动态地显示计算机系统的当前时间。

操作步骤如下：

① 新建文档→设置舞台大小为500×200→设置舞台背景色为浅灰色→设置动画帧频为2帧/秒。

② 单击第1帧→在舞台中画大小为350×100的黄色无边框矩形→矩形坐标为(75,50)。

③ 画3个85×100的动态文本区域放在矩形中→文本区域之间画两个点→在"属性"面板中给动态文本变量起名→从左到右依次为ht、mt、st(分别代表小时、分钟、秒)。舞台布置如图8-6所示。

图8-6 舞台布置(例8-3)

④ 在"属性"面板中设置动态文本区域的文字大小为30→字颜色为黑色→文字居中对齐→在第2帧插入关键帧。

⑤ 新建图层2→在第1帧写帧动作脚本，代码如下(注释可以不写)：

```
var now = new Date();           //建立Date对象的实例
var h = now.getHours();         //用getHours方法取得系统时间的小时数
var m = now.getMinutes();       //用getMinutes方法取得系统时间的分钟数
var s = now.getSeconds();       //用getSeconds方法取得系统时间的秒数
ht = h;                         //将系统时间的小时数赋给动态文本变量ht
mt = m;                         //将系统时间的分钟数赋给动态文本变量mt
st = s;                         //将系统时间的秒数赋给动态文本变量st
```

"数字时钟"的时间轴如图8-7所示。

⑥ 测试影片，3个动态文本域动态地显示系统当前时间，显示的内容合在一起成为数字时钟，如图8-8所示。

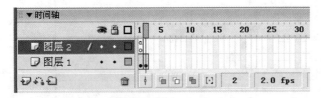

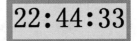

图8-7 "数字时钟"的时间轴　　　　　　图8-8 数字时钟

5. 使用Date对象制作石英钟

例8-4 石英钟

动画播放时，一个石英钟动态地显示计算机系统的当前时间。

操作步骤如下：

① 新建文档→设置帧频为2帧/秒。

② 新建影片剪辑元件"时针"→在"属性"面板中定义笔触大小为3→以注册点为底端用线条工具画高度为40的黑色直线→坐标为(0,−40)→在线顶端画箭头。

③ 新建影片剪辑元件"分针"→笔触大小为3→以注册点为底端画高度为55的黑色直线→坐标为(0,−55)→在线顶端画箭头。

④ 新建影片剪辑元件"秒针"→笔触大小为1→以注册点为底端画高度为60的黑色细线→

坐标为(0,-60)。

⑤ 新建影片剪辑元件"时钟"→以注册点为中心画大小为 288×288 的表盘→表盘坐标为 (-144,-144)。

⑥ 将"时针"元件拖入编辑区生成实例→实例坐标为(0,0)→在"属性"面板中为实例起名为 h→将"分针"元件拖入编辑区生成实例→实例坐标为(0,0)→为实例起名为 m→将"秒针"元件拖入编辑区生成实例→实例坐标为(0,0)→为实例起名为 s,如图 8-9 所示。

⑦ 单击场景名结束"时钟"元件的制作→在"库"面板中查看"时钟"元件,3 个指针叠放在一起,下端在表盘中心,上端都指向 12,如图 8-10 所示。

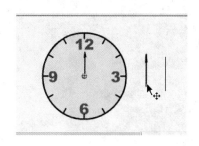

图 8-9 影片剪辑元件"时钟"　　　　图 8-10 在"库"面板中查看"时钟"元件

⑧ 回到主电影→单击第 1 帧→将影片剪辑"时钟"拖入舞台→给实例起名为 clock→调整大小和位置→在第 2 帧插入关键帧。

⑨ 给第 1 帧写帧动作脚本,代码如下:

```
var now = new Date();                    //建立 Date 对象的实例
var hh = now.getHours();                 //取得系统时间的小时数赋给变量 hh
var mm = now.getMinutes();               //取得系统时间的分钟数赋给变量 mm
var ss = now.getSeconds();               //取得系统时间的秒数赋给变量 ss
_root.clock.h._rotation = 30 * hh + 0.5 * mm;   //将时针 h 旋转一个角度
_root.clock.m._rotation = 6 * mm;        //将分针 m 旋转一个角度
_root.clock.s._rotation = 6 * ss;        //将秒针 s 旋转一个角度
```

"石英钟"的时间轴如图 8-11 所示。

⑩ 测试影片→发布影片为 EXE 文件→运行 EXE 文件,一个石英钟动态地显示系统时间,如图 8-12 所示。

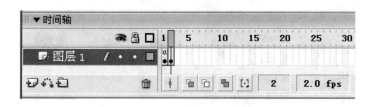

图 8-11 "石英钟"的时间轴　　　　　　　　图 8-12 石英钟

说明:

① 把 360°分成 12 等份,每一份是 30°,30×hh 是 30°的整数倍,将小时数转换成 360°中的

某一角度,使时针旋转至相对应的角度;0.5×mm是分钟对应的那部分角度。

② 把360°分成60等份,每一份是6°。6×mm是6°的整数倍,将分钟数转换成360°中的某一角度,使分针旋转至相对应的角度。

③ 秒针走1秒是6°,6×ss是6°的整数倍,将秒数转换成360°中的某一角度,使秒针旋转至相对应的角度。

8.4.2 内置对象Color

用内置对象Color可以设置和改变影片剪辑的颜色。

1. 创建Color对象的实例

语法:var 对象名＝new Color(影片剪辑实例名);

例如:

var tt = new Color (dog);

功能:为影片剪辑实例dog建立一个Color对象tt。

2. 使用Color对象的方法

语法:对象名.方法名()

功能:设置和改变Color对象的颜色。

3. 常用的Color对象方法

语法:对象名.setRGB(0xRRGGBB);

功能:为影片剪辑实例设置RGB颜色。

说明:0xRRGGBB是十六进制的RGB颜色值,用数字0和字母x开头表示后面的数字是十六进制,RR是红色十六进制颜色值,GG是绿色十六进制颜色值,BB是蓝色十六进制颜色值。

语法:对象名.getRGB();

功能:返回影片剪辑实例的十进制颜色。

4. 用Color对象为影片剪辑改变颜色

> 例8-5 改变影片剪辑颜色

动画播放时,单击按钮改变影片剪辑的颜色。

操作步骤如下:

① 将图层1改名为"矩形"→在舞台中画浅灰色矩形→将矩形转换为影片剪辑→在"属性"面板中给影片剪辑实例起名为pic。

② 新建图层"星"→在矩形位置中心画红色六角星。

③ 新建图层"按钮"→从公用库向舞台拖入两个按钮放在矩形两侧→分别在按钮下面写提示文字"绿色"和"黄色"。舞台布置如图8-13所示。

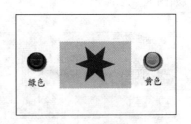

图8-13 舞台布置(例8-5)

④ 选取"矩形"层的第1帧→设置帧动作脚本如下:

tt = new Color(pic);   //为影片剪辑pic生成Color对象的实例tt

⑤ 选取绿色按钮→设置按钮动的作脚本如下：

```
on(press){
tt.setRGB(0x339933);            //设置影片剪辑 pic 的颜色为浅绿色
}
```

⑥ 选取黄色按钮→设置按钮的动作脚本如下：

```
on(press){
tt.setRGB(0xffff33);            //设置影片剪辑 pic 的颜色为淡黄色
}
```

⑦ 测试影片。单击绿色按钮使矩形变为绿色，单击黄色按钮使矩形变为黄色。

说明：在颜料盒中选取颜色时，当前颜色的颜色值会显示在颜料盒左上方。

8.4.3 内置对象 Mouse

Mouse 是顶级对象，可以直接使用，不用创建对象的实例，常用来控制鼠标指针是否显示或使用用户自定义的鼠标指针。

1. Mouse 的语法

语法：Mouse.hide();
功能：在动画中隐藏鼠标指针。
语法：Mouse.show();
功能：将隐藏的鼠标指针重新显示出来。

2. 用 Mouse 对象隐藏和替换鼠标

| 例 8-6　隐藏、替换和还原鼠标 |

① 设置文档背景色为浅灰色(♯CCCCCC)→向舞台导入图片→将图片转换为影片剪辑元件→删除舞台中的图片。
② 新建两个按钮："替换"按钮和"还原"按钮。
③ 将两个按钮拖入舞台→再将影片剪辑拖入舞台，舞台布置如图 8-14 所示。
④ 为影片剪辑实例起名为 mouse→在"属性"面板中查看实例的当前位置为(230,50)。
⑤ 为"替换"按钮写动作脚本如下：

```
on(release){                           //当释放鼠标时
Mouse.hide();                          //鼠标隐藏
startDrag("mouse", true);              //实例 mouse 可拖曳
}
```

⑥ 为"还原"按钮写动作脚本如下：

```
on(release){
Mouse.show();                          //鼠标显示
stopDrag();                            //中止实例的可拖曳属性
setProperty("mouse", _x, "230");       //实例的 x 坐标回到初始位置
setProperty("mouse", _y, "50");        //实例的 y 坐标回到初始位置
}
```

⑦ 测试影片，单击"替换"按钮，鼠标被实例的图片取代；单击"还原"按钮，鼠标恢复显示，实例回到初始位置。动画效果如图 8-15 所示。

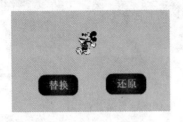

图 8-14 舞台布置(例 8-6)

图 8-15 鼠标被实例的图片取代

8.5 条件判断语句

要想创建智能型动画，通常需要一个判断机制，这种判断机制可用条件判断语句实现。条件判断是逻辑的核心。

8.5.1 条件判断语句的语法

语法 1：if（条件）{
　　语句组；
　　}
功能：如果条件为真，执行语句组；否则，什么也不做。
语法 2：if（条件）{
　　语句组 1；
　　}
　　else {
　　语句组 2；
　　}
功能：如果条件为真，执行语句组 1；否则，执行语句组 2。
语法 3：if（条件 1）{
　　语句组 1；
　　}
　　else if（条件 2）{
　　语句组 2；
　　}
　　else {
　　语句组 3；
　　}
功能：如果条件 1 为真，则执行语句组 1；否则，如果条件 2 为真，则执行语句组 2；如果条件 2 也不成立，则执行语句组 3。

说明：
① 条件要用圆括号括起来。
② 每一个语句组都要用大括号括起来，语句组可以只有一行语句。
读一读下面的条件判断语句：

if (x>0)
{y=1；}
else if (x==0)
{y=0；}
else
{y=-1；}

这段语句的功能是：如果 x 的值大于 0，就把数值 1 赋给 y；如果 x 的值等于 0，就把数值 0 赋给 y；如果 x 的值小于 0，就把数值-1 赋给 y。

这段语句的执行过程是：先判断 x 的值是否大于 0，如果是，就把数值 1 赋给 y，并且不再向下进行；否则，即 x 不大于 0，继续向下判断 x 的值是否等于 0，如果是，就把数值 0 赋给 y；否则，即 x 不等于 0，不用再判断了，因为经过前面的判断可知，x 的值既不大于 0 也不等于 0，x 的值只能小于 0，所以，直接把数值-1 赋给 y 即可。

8.5.2 使用条件判断语句制作能进行加法计算的动画

例 8-7 加法计算

动画播放时，根据计算结果正确与否给出不同的提示。
操作步骤如下：
① 新建两个按钮，按钮上的文字分别为"确认"和"返回"。

② 将图层 1 改名为"计算"→用文本工具在第 1 帧建立动态文本框→给文本域变量起名为 a→按下显示文本边框按钮使动态文本框显示边框，如图 8-16 所示。

③ 利用同样的方法建立第 2 个动态文本框→为文本域变量起名为 b→第 3 个文本框类型为"输入文本框"→为文本域变量起名为 c。

图 8-16 显示文本边框

④ 为第 1 帧写帧动作脚本如下：

a = Math.round(10 * Math.random());   //随机产生个位整数
b = Math.round(10 * Math.random());
stop();

⑤ 在第 2 帧插入空白关键帧→写文字"恭喜你，答对了！"→在第 3 帧插入空白关键帧→写文字"嗯，答错了！"。第 1 帧的舞台布局如图 8-17 所示。

⑥ 新建"按钮"层→单击第 1 帧→向舞台拖入"确定"按钮→按钮动作脚本如下：

on(press){
    if(a+b==Number(c)){

```
            gotoAndStop(2);
        }
        else{
            gotoAndStop(3);
        }
}
```

⑦ 在第 2 帧插入空白关键帧→向舞台拖入"返回"按钮→按钮动作脚本如下：

```
on(press){
    gotoAndPlay(1);
    c = ""
}
```

⑧ 在第 3 帧插入空白关键帧→向舞台拖入"返回"按钮→按钮动作脚本与第 2 帧的相同。动画的时间轴如图 8-18 所示。

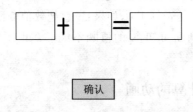

图 8-17 第 1 帧的舞台布局　　　　图 8-18 动画的时间轴

⑨ 测试影片。动态文本框中自动显示数字，在输入框中输入答案，如果答案正确，会显示第 2 帧内容，如图 8-19 所示；如果答案错误，会显示第 3 帧内容。单击"返回"按钮，动画返回到第 1 帧，并把输入框中的内容清空。

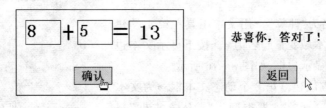

图 8-19 答案正确会显示第 2 帧内容

说明：

① Math.random()产生 0~1 之间的随机数，10×Math.random()产生 0~10 之间的随机数，Math.round()方法将产生的随机数取整。

② 本例中 a 和 b 都是动态文本域的变量名，使随机产生的数字显示在文本框里。每一次返回第 1 帧都会生成一组新的随机数。

③ 本例中 c 是输入文本域的变量名，在动画播放时输入数值，输入的数值被存放在变量 c 中。每一次单击"返回"按钮时，变量 c 中的值清空。

8.5.3 使用条件判断语句与影片剪辑的 hitTest 方法制作拼图动画

1. 影片剪辑的 hitTest 方法

语法 1:影片剪辑实例名.hitTest(x,y,shapeFlag)
语法 2:影片剪辑实例名.hitTest(target)
功能:计算实例的形状或边框,以确定它与 target 或 x、y 坐标参数所标识的单击区域是否有重叠或交叉。

说明:
① 参数 x,舞台上单击区域的 x 坐标,在全局坐标空间中定义。
② 参数 y,舞台上单击区域的 y 坐标,在全局坐标空间中定义。
③ shapeFlag 是形状标记,只能取值 true 或 false。将 x 坐标和 y 坐标与指定实例的形状或边框进行比较。若 shapeFlag 设置为 true,则计算舞台上实例实际占据的区域,当 x 和 y 与实例区域重叠任意一点时,结果返回 true 值,常用来确定影片剪辑是否在指定的单击区域或热区中;若 shapeFlag 设置为 false,则将 x 坐标和 y 坐标与实例的边框相交,使用时,如果实例与指定的区域重叠,返回 true,否则返回 false。只有当用 x 和 y 坐标参数标识单击区域时,才可以指定 shapeFlag 参数。
④ target 是可能与实例交叉或重叠的单击区域的目标路径。target 参数通常表示一个按钮或文本输入字段。用 hitTest 方法计算 target 与指定实例的边框,如果它们在任意一点上重叠或交叉,则返回 true。

例如:

if(hitTest(_root._xmouse,_root._ymouse,false));

带有_xmouse 和_ymouse 属性的 hitTest()能确定鼠标指针是否位于目标的边框上。
例如:

if(_root.ball.hitTest(_root.square)){
trace("球与方块重叠或交叉");
}

使用 hitTest()来确定影片剪辑 ball 是否与影片剪辑 square 重叠或交叉。

2. 制作拼图交互动画

例 8-8 拼 图

动画播放时让操作者用 4 个图块拼成一个完整图片,如果拖放位置正确,图块会停留在该处;如果拖放位置不正确,图块会回到原位置。

操作步骤如下:
① 新建名为"按钮"的按钮元件→在"弹起"帧画大小为 100×100 的矩形→填充用线性渐变→矩形坐标为(0,0)→在"点击"帧插入关键帧。
② 在舞台右上方生成 4 个按钮实例→在"属性"面板中分别为按钮实例起名为 b1、b2、b3 和 b4→将 4 个按钮实例摆成"田"字→实例坐标依次为(280,20)、(380,20)、(280,120)和(380,120)。

③ 新建图层 2→导入图片到舞台→调整图片为正方形→将图片分离→用线条工具将图片分割成 4 份→分别转成影片剪辑→元件名字分别为 1、2、3 和 4→将 4 个影片剪辑的实例舞台下方排成一行→坐标依次为(40,260)、(160,260)、(280,260)和(400,260)→在"属性"面板中分别为实例起名为 c1、c2、c3 和 c4→实例大小都是 100×100。分割图片如图 8-20 所示。

④ 删除用于分割的线条→将原图拖放到舞台左上角。舞台布局如图 8-21 所示。

图 8-20 分割图片

图 8-21 舞台布局(例 8-8)

⑤ 影片剪辑 c1 的动作脚本如下：

```
onClipEvent(mouseDown){                              //鼠标在影片剪辑 c1 处按下
    if(hitTest(_root._xmouse,_root._ymouse,true)){   //如果鼠标指针在 c1 区域中
        startDrag(this,true);                        //使当前的影片剪辑 c1 可拖曳
    }
}                                                    //当前影片剪辑事件结束
onClipEvent(mouseUp){                                //鼠标在影片剪辑 c1 处释放
    if(hitTest(_root.b1)){                           //如果影片剪辑 c1 与按钮 b1 重叠或交叉
        this._x = 280;                               //影片剪辑 c1 新的 x 坐标为 280(与 b1 相同)
        this._y = 20;                                //影片剪辑 c1 新的 y 坐标为 20(与 b1 相同)
    }
    else {                                           //否则,影片剪辑 c1 不与按钮 b1 重叠或交叉
        this._x = 40;                                //影片剪辑 c1 的 x 坐标为 40(回到 c1 初始位置)
        this._y = 260;                               //影片剪辑 c1 的 y 坐标为 260(回到 c1 初始位置)
    }
    stopDrag();                                      //停止当前影片剪辑 c1 的可拖曳属性
}                                                    //当前影片剪辑事件结束
```

⑥ 影片剪辑 c2 的动作脚本如下：

```
onClipEvent(mouseDown){
    if(hitTest(_root._xmouse,_root._ymouse,true)){
        startDrag(this,true);
    }
}
onClipEvent(mouseUp){
    if(hitTest(_root.b2)) {
        this._x = 380;                               //影片剪辑 c2 新的 x 坐标为 380(与 b2 相同)
        this._y = 20;                                //影片剪辑 c2 新的 y 坐标为 20(与 b2 相同)
    }
```

```
else {
this._x = 160;                                    //影片剪辑 c2 的 x 坐标为 160(回到 c2 初始位置)
this._y = 260;                                    //影片剪辑 c2 的 y 坐标为 260(回到 c2 初始位置)
}
stopDrag();                                       //停止当前影片剪辑 c2 的可拖曳属性
}
```

⑦ 影片剪辑 c3 的动作脚本如下：

```
onClipEvent(mouseDown){
if(hitTest(_root._xmouse,_root._ymouse,true)){
startDrag(this,true);
}
}
onClipEvent(mouseUp){
if(hitTest(_root.b3)) {
this._x = 280;
this._y = 120;
}
else {
this._x = 280;
this._y = 260;
}
stopDrag();
}
```

⑧ 影片剪辑 c4 的动作脚本如下：

```
onClipEvent(mouseDown){
if(hitTest(_root._xmouse,_root._ymouse,true)){
startDrag(this,true);
}
}
onClipEvent(mouseUp){
if(hitTest(_root.b4)) {
this._x = 380;
this._y = 120;
}
else {
this._x = 400;
this._y = 260;
}
stopDrag();
}
```

⑨ 测试影片。当拖曳拼图到正确位置时，拼图会停在该处；当拖曳拼图到不正确位置时，拼图会返回原处，如图 8-22 所示。

说明:

① hitTest()是碰撞检测函数,用来检测两个目标是否重叠或相交,如果重叠或相交就执行相应的动作。

② 为实例起名和在脚本中使用实例名称都要注意大小写。

8.5.4 多分支条件判断语句

如果需要多项判断,可以用嵌套的 if 语句实现,但分支较多时,嵌套的 if 语句可读性差,写起来也麻烦,而系统提供的 switch 语句就较好地解决了这个问题。

图 8-22 拼 图

1. switch 语句语法

```
switch (表达式){
    case  常量1:
        语句段1;break;
    case  常量2:
        语句段2;break;
    case  常量3:
        语句段3;break;
    ⋮
    default:
        语句段n;
}
```

2. switch 语句功能

switch 后面的表达式,可以是字符型或整型。若表达式的值与某个 case 后的常量值相同,则执行该 case 语句的语句段;若没有与它匹配的常量值,则执行 default 后面的语句段。

说明:

① break 语句可以使程序执行完一个 case 语句后马上跳转出来。如果省略,则程序将不再判断,一直执行下去,这样容易与后面的 case 语句混淆。

② 用一对大括号将所有 case 语句括起来,大括号里不能再有别的大括号。

③ case 的常量值与后面的语句之间用冒号而不是分号。

下面用一个实例来说明多分支判断语句的使用方法。

例 8-9 多分支判断语句

动画播放时,根据输入的数值显示对应帧的内容。

操作步骤如下:

① 新建两个按钮:"确定"按钮和"返回"按钮。

② 单击第 1 帧→在"属性"面板中设置帧标签为 hh→写文字"请输入数字 1~3:"→在文字右边画输入文本框→在"属性"面板中为文本域变量起名为 aa→设置文字居中→设置文本框显示边框。

③ 将"确定"按钮拖入舞台→第 1 帧舞台布局如图 8-23 所示。

④ 在第 2 帧插入空白关键帧→设置帧标签为 a→在舞台中画圆→将"返回"按钮拖入舞台。第 2 帧舞台布局如图 8-24 所示。

图 8-23 第 1 帧舞台布局(例 8-9)

图 8-24 第 2 帧舞台布局(例 8-9)

⑤ 在第 3 帧插入空白关键帧→设置帧标签为 b→在舞台中画矩形→将"返回"按钮拖入舞台。

⑥ 在第 4 帧插入空白关键帧→设置帧标签为 c→在舞台中画三角形→将"返回"按钮拖入舞台。

⑦ 在第 5 帧插入空白关键帧→设置帧标签为 d→在舞台中写文字"输入错误,请重新输入!"→将"返回"按钮拖入舞台。

⑧ 单击第 1 帧,写帧动作脚本如下:

```
aa = "";                              //清空变量 aa
stop();                               //动画在第 1 帧停止
```

⑨ 给第 1 帧"确定"按钮写动作脚本如下:

```
on(release, keyPress "<Enter>"){      //鼠标释放或按 Enter 键
switch(aa){                           //根据 aa 的当前值做分支选择
case "1":                             //如果 aa 的值是字符 1
gotoAndStop("a");break;               //转到 a 帧,跳出多分支选择
case "2":                             //如果 aa 的值是字符 2
gotoAndStop("b");break;               //转到 b 帧,跳出多分支选择
case "3":                             //如果 aa 的值是字符 3
gotoAndStop("c");break;               //转到 c 帧,跳出多分支选择
default:                              //如果输入 1~3 之外的字符
gotoAndStop("d");                     //转到 d 帧,多分支选择自然结束
}
}
```

⑩ 所有"返回"按钮的脚本如下:

```
on (release){
gotoAndStop("hh");                    //返回并停止在第 1 帧
}
```

⑪ 测试影片。在文本框中输入"3",单击"确定"按钮,动画显示 c 帧内容;单击"返回"按钮,动画返回第 1 帧等待重新输入数字,如图 8-25 所示。

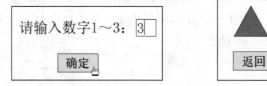

图 8－25 输入"3"将显示 c 帧内容

例 8－10 用多分支判断语句显示日期与星期

动画播放时,显示计算机系统当前的日期和星期。

操作步骤如下:

① 新建文档→设置舞台大小为 550×200→设置舞台背景色为淡黄色。

② 单击第 1 帧→在舞台中添加动态文本→为动态文本区域变量起名为 aa。

③ 为第 1 帧写帧动作脚本如下:

```
today = new Date();
y = today.getFullYear();           //返回 Date 对象 4 位数表示的公元年份
m = today.getMonth() + 1;
d = today.getDate();
aa = y + "年" + m + "月" + d + "日";
b = today.getDay();                //返回星期数
switch(b){                         //将星期数变为对应文字
case 0: aa = aa + "星期天";break;
case 1: aa = aa + "星期一";break;
case 2: aa = aa + "星期二";break;
case 3: aa = aa + "星期三";break;
case 4: aa = aa + "星期四";break;
case 5: aa = aa + "星期五";break;
case 6: aa = aa + "星期六";
}
aa = "今天是: " + aa;
```

④ 测试影片,动画显示系统的当前日期和星期,如图 8－26 所示。

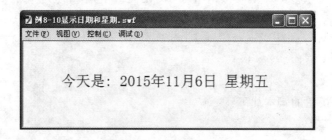

图 8－26 显示系统的当前日期和星期

8.6 循环语句

Flash 脚本的循环控制语句主要有:for 循环语句、while 循环语句、do-while 循环语句。如果一个语句段需要反复使用,则用循环语句实现。

8.6.1 for 循环语句

1. for 循环语句语法

for(初始化部分;条件判断部分;增量部分){语句段;}

2. for 循环语句功能

先判断条件是否成立,若成立则执行语句段,然后执行增量部分,再进行判断;若不成立,则跳出循环语句。

3. for 循环语句说明

① for 循环语句要使用循环变量做计数器,循环变量可以定义在 for 之前,也可以定义在 for 循环语句的初始化部分。

② 初始化部分在进入 for 循环后最先执行,只执行一次,以后不再执行。初始化部分常用来定义循环变量,是可选的,若在循环之前定义循环变量,则初始化部分只写分号,分号不能省略。

③ 增量部分用来定义循环的步长,每循环一次,循环变量就按照步长变化一次。

④ 如果增量部分大于 0,则循环变量逐步增加;如果增量部分小于 0,则循环变量逐步减少;如果增量部分等于 0,则循环将成为死循环。

⑤ for 循环语句的参数之间用分号分隔,for 语句可以嵌套。

8.6.2 用 for 循环语句制作动画

例 8-11 用 for 循环语句计算数字之和

动画播放时,输入起始数字和终止数字,显示从起始数字到终止数字之间的数字累加之和。

操作步骤如下:

① 在第 1 帧建立两个输入文本框→为文本域变量分别起名为 aa 和 bb→设置文本框的边框为显示状态。

② 分别为文本框写说明文字"请输入起始数:"和"请输入终止数:"→向舞台拖入"确定"按钮。第 1 帧舞台布局如图 8-27 所示。

③ 在第 2 帧插入空白关键帧→建立一个动态文本框→为文本域变量起名为 cc→为文本框写说明文字"数字累加之和:"→拖入"返回"按钮。第 2 帧舞台布局如图 8-28 所示。

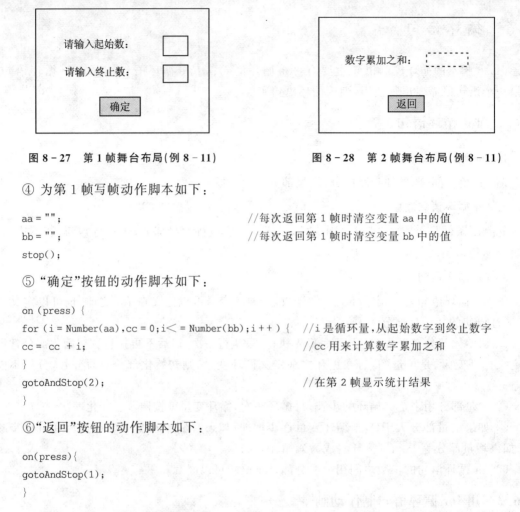

图 8-27 第 1 帧舞台布局(例 8-11)　　　　图 8-28 第 2 帧舞台布局(例 8-11)

④ 为第 1 帧写帧动作脚本如下：

```
aa = "";                    //每次返回第 1 帧时清空变量 aa 中的值
bb = "";                    //每次返回第 1 帧时清空变量 bb 中的值
stop();
```

⑤ "确定"按钮的动作脚本如下：

```
on(press){
for(i = Number(aa),cc = 0;i<= Number(bb);i++){    //i 是循环量，从起始数字到终止数字
cc = cc + i;                                       //cc 用来计算数字累加之和
}
gotoAndStop(2);                                    //在第 2 帧显示统计结果
}
```

⑥ "返回"按钮的动作脚本如下：

```
on(press){
gotoAndStop(1);
}
```

⑦ 测试影片。在起始数和终止数分别输入数字 1 和 100，单击"确定"按钮后动画转到第 2 帧，显示 5 050，如图 8-29 所示；单击"返回"按钮后动画转到第 1 帧，起始数和终止数自动清空，等待输入新的数值。

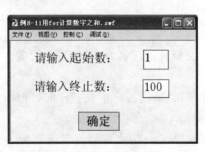 

图 8-29 输入数字后显示的统计结果

8.6.3 while 循环语句

1. while 循环语句语法

while(循环条件){语句段;}

2. while 循环语句功能

判断条件,当条件为真时,重复执行语句段,否则,退出循环。

3. while 循环语句说明

while 循环语句先判断后执行,若一开始条件就不成立,则语句段一次也不执行。

4. 将 for 循环语句改为 while 循环语句

for 循环语句如下:

```
for(i = Number(aa),cc = 0;i<= Number(bb);i++){
cc = cc + i;
}
```

改为 while 循环语句如下:

```
i = Number(aa);
cc = 0;
while(i<= Number(bb)){
cc = cc + i;
i = i + 1;
}
```

8.6.4 do-while 循环语句

1. do-while 循环语句语法

do{语句段;} while(循环条件)

2. do-while 循环语句功能

先执行语句段,然后判断条件是否成立,若条件成立,则继续执行语句段;若条件不成立,则结束循环。

3. do-while 循环语句说明

先执行后判断,不管循环条件是否成立,语句段至少执行一次。

4. 将 for 循环语句改为 do-while 循环语句

for 循环语句如下:

```
for(i = Number(aa),cc = 0;i<= Number(bb);i++){
cc = cc + i;
}
```

改为 do-while 循环语句如下:

```
i = Number(aa);
cc = 0;
do{
cc = cc + i;
i = i + 1;
}
while(i<Number(bb))
```

注意：这儿的判断条件与 while 循环的判断条件写法不同,为什么？

8.6.5 break 语句和 continue 语句

break 语句和 continue 语句都用在循环里的 if 语句中,break 语句可使循环提前中止,退出循环；continue 语句可以结束当前循环,进入下一轮循环。

例 8-12 显示 10 以内的偶数

动画播放时,显示 1～10 之间所有的偶数。

操作步骤如下：

① 单击第 1 帧→在舞台中添加动态文本→为动态文本区域变量起名为 aa。

② 为第 1 帧写帧动作脚本如下：

```
aa = "";
for(i = 1; i<=10; i++){
if(i%2==1)                    //如果 i 是奇数
continue;                     //开始下一轮循环
else                          //否则,即 i 是偶数
aa = aa + " " + i;            //显示 i 的值
}
```

③ 测试影片,文本框中显示 1～10 之间所有的偶数,如图 8-30 所示。

说明：如果 if 和 else 后面只有一行语句,则可以不用大括号。如果把 continue 语句换成 break 语句,结果会怎样？试一试。

图 8-30 显示 1～10 之间所有的偶数

8.7 上机实验 制作简易计算器

1. 实验目的

制作一个简易计算器,能进行整数的四则运算,计算结果显示在动态文本框中。通过本实验,了解函数定义与函数调用的方法,进一步熟悉按钮脚本和帧脚本的编写。

2. 具体要求

① 制作相关按钮,热区大小与按钮大小相同。

② 用按钮和文本框将舞台布置成计算器的样子。

③ 在关键帧脚本中定义函数,被其他按钮脚本调用。

④ 分别给各按钮和帧写动作脚本，使动画能实现计算器的功能。

3. 操作步骤

步骤1：准备工作

① 以"实验8-1计算器.fla"为名新建文档→设置舞台大小为300×250→文档背景色为蓝色(♯0066FF)。

② 制作16个按钮元件→元件名称分别是：数字0~9、＋、－、×、/、＝、"清零"→元件上显示的文字与元件名称相同，"库"面板如图8-31所示。

步骤2：布置舞台

① 画大小为240×32的长条矩形框→填充色为黄色→笔触大小为1→笔触颜色为黑色。

② 选文本工具→比照长条矩形框拖出一个动态文本框→给动态文本域变量起名为display。

③ 将库中的按钮拖入舞台→打开"对齐"面板将各按钮对齐，舞台布置如图8-32所示。

图8-31 "库"面板(制作16个按钮)

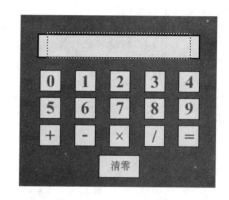

图8-32 布置舞台(制作简易计算器)

步骤3：给第1帧写帧脚本

```
display = "0";                          //动态文本框中默认显示0
clear = true;                           //clear是标记变量
function sz(digit){                     //定义函数sz，将数字显示到文本框中
  if (clear) {                          //如果clear的值为真
    clear = false;
    display = "0";
  }
  if (display == "0" ) {                //如果display的值为字符0
    display = digit;                    //display重新开始接收数字字符
  }
  else {
    display = display + digit;          //输入的数字字符连在display值的后面
  }
}                                        //函数sz到此结束
function js(symbol){                    //定义函数js，执行一种运算
```

```
if (operator == " + ") {                    //做加法运算
    display = Number(operand1) + Number(display);
}
if (operator == " - ") {                    //做减法运算
    display = Number(operand1) - Number(display);
}
if (operator == " * ") {                    //做乘法运算
    display = Number(operand1) * Number(display);
}
if (operator == "/") {                      //做除法运算
    display = Number(operand1)/Number(display);
}
operator = " = ";
clear = true;
if (symbol != null) {                       //如果js函数括号中不为空
    operator = symbol;                      //把当前的运算符号放在operator中
    operand1 = display;                     //把display的当前值放在operand1中
}
}                                           //函数js到此结束
```

步骤4:给数字按钮写脚本

① 单击"0"按钮,写按钮脚本如下:

```
on (release) {
    sz("0");                                //以数字字符0为实参调用函数sz()
}
```

② 单击"1"按钮,写按钮脚本如下:

```
on (release) {
    sz("1");                                //以数字字符1为实参调用函数sz()
}
```

③ 同样方法写其余数字按钮的脚本,只需把相应数字放进函数sz()中。

步骤5:为运算符按钮写脚本

① 单击"+"按钮,写按钮脚本如下:

```
on (release) {
    js(" + ");                              //以加号字符为实参调用函数js()
}
```

② 用同样的方法写减号、乘号、除号的脚本,只需用其他运算符把加号替换下来即可。

③ 单击"="按钮,写按钮脚本如下:

```
on (release) {
    js();                                   //单击等号按钮调用函数js(),括号内没有参数
}
```

④ 单击"清零"按钮,写按钮脚本如下:

```
on (release) {
```

```
    display = "0";                          //使动态文本框变量 display 的值为数字符号 0
}
```

步骤 6:测试影片

测试影片,单击按钮依次输入 3×3×2,单击"="按钮,文本框显示 18,效果如图 8－33 所示。

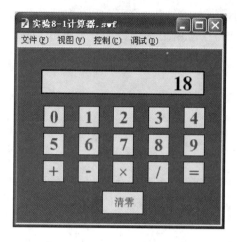

图 8－33　计算器

思考题与上机练习题八

1．思考题

(1) 程序设计有哪 3 种基本结构?

(2) 什么是内置对象? 举例说明。

(3) 属性有什么作用?

(4) 标识符命名的规则是什么?

(5) 什么是变量?

(6) 字符比较大小的依据是什么?

(7) 注释语句的特点是什么?

(8) 用 switch 语句能实现什么功能?

(9) 循环控制语句主要有哪些?

2．上机练习题

(1) 制作以图形为背景的石英钟,并发布为 EXE 文件。

(2) 制作简单颜料盒,给五角星改变颜色。

(3) 制作两位整数加法运算的动画。

(4) 制作拼图动画。

(5) 制作动画,显示当前日期和星期。

(6) 制作动画,统计 1~100 中能被 3 整除的数字个数。

第 9 章 使用组件制作动画

第 9 章程序

组件是 Flash 的特定对象,提供常见的交互效果,类似于可视化程序设计中的控件,如复选框、单选按钮组、命令菜单等。使用组件可以简化交互式动画的开发过程。本章介绍的是 Flash ActionScript 2.0 版本的组件。

9.1 认识组件

9.1.1 组件的概念

组件是一段带有参数的影片剪辑,利用参数可以修改组件的外观和行为。使用组件可以让开发人员重用和共享代码,封装复杂功能,使不熟悉动作脚本的人也能使用和自定义这些复杂功能,构建高级动画。

组件既有简单的用户界面控件(如单选按钮和复选框),也有包含内容的控件(如滚动窗格),还有不可见的控件(如 FocusManager,控制程序中接收焦点的对象)。

每个组件都有自己的属性、方法和事件,属性用来访问组件的某些数据,方法用来实现组件的一些简单可见的功能。

每个组件都有预定义参数,创作动画时可以重新设置这些参数。参数既可以静态地设置,也可以在动画运行时通过脚本动态地设置。

9.1.2 使用组件的优点

使用组件主要有以下好处:

① 编码与设计分离,可以重复使用组件中的代码。通过下载或安装组件,还可以重复使用他人创建组件时编写的代码。

② 将常用功能封装在组件中,通过更改参数,可以自定义组件的外观和行为。

③ 直接在 Flash 文档中使用组件提供的 Web 元素。

9.1.3 组件类别

Flash CS6 默认的组件分为 Media 组件、User Interface 组件和 Video 组件 3 类,如图 9-1 所示。

① Media 组件,可以创建媒体播放器,播放指定的媒体文件。

② User Interface 组件,主要用于创建具有交互功能的用户界面程序,如调查表、选择题等。

③ Video 组件,可以创建各种样式的视频播放器,播放指定的视频文件。

图 9-1 3 类组件

9.1.4 常用组件

常用组件如表 9-1 所列。

表 9-1 常用组件

组件名称	组件功能
Button 组件	一个可调整大小的矩形用户界面按钮
CheckBox 组件	一个复选框
ComboBox 组件	一个静态的或可编辑的组合框
Label 组件	一个标签
List 组件	一个可滚动的单选或多选列表框
Loader 组件	一个可以显示 SWF 或 JPEG 文件的容器
ProgressBar 组件	在用户等待加载内容时会显示加载进程
RadioButton 组件	一个单选按钮组
ScrollPane 组件	一个可滚动区域,显示影片剪辑、JPEG 文件和 SWF 文件
TextArea 组件	一个文本域
TextInput 组件	一个单行文本域
Window 组件	一个窗口,显示电影剪辑的内容

9.2 组件使用简介

9.2.1 创建和删除组件实例

创建组件实例与创建元件实例相似,即把所需组件从"组件"面板拖到舞台或在"组件"面板中双击所需组件,就会生成该组件的实例,同时组件会添加到"库"面板中;也可以用脚本动态地生成组件实例,动态生成组件常采用 createObject()和 creatClassObject()两种方法。

将一个组件拖到舞台,组件就可以像元件一样使用。每种类型的组件只需要在影片中添加一次即可。

单击舞台中的组件实例,按 Delete 键可删除该实例,但库中的组件不会被删除。

9.2.2 设置组件参数

组件参数在"属性"面板中完成设置,通过设置参数可以更改组件的外观和行为。"属性"面板只用来设置最常用的属性和方法,其他参数可以用动作脚本设置。其实所有参数都可以用动作脚本设置,而且在动作脚本中设置的参数值将覆盖在"属性"面板中设置的参数值。

下面的例子介绍了组件实例的创建与参数修改。

例 9-1 日 历

动画播放时,用日历显示系统当前日期。

操作步骤如下:

① 单击图层 1 的第 1 帧→选矩形工具→定义笔触色为橘红→笔触大小为 10→填充色为淡黄色→在舞台中央画大小为 440×300 的矩形。

② 新建图层 2→单击第 1 帧,选择"窗口"→"组件"菜单项,展开 User Interface→将组件 DateChooser 拖入舞台→在"属性"面板中设置组件实例大小为 400×250→将组件实例拖放到矩形中。

③ 选取组件实例→在"属性"面板中单击 DayNames 的"值"→在"值"对话框中的相应位置输入文字:星期一、星期二……星期日→单击"确定"按钮。DayNames 的值如图 9-2 所示。

④ 选取组件实例→在"属性"面板中单击 MonthNames 的"值"→在"值"对话框中的相应位置输入文字:一月、二月……十二月→单击"确定"按钮。MonthNames 的值如图 9-3 所示。

图 9-2 DayNames 的值

图 9-3 MonthNames 的值

⑤ 在"属性"面板中查看设置的组件属性,如图 9-4 所示。

⑥ 测试影片,动画显示系统当前的日期和星期,如图 9-5 所示。

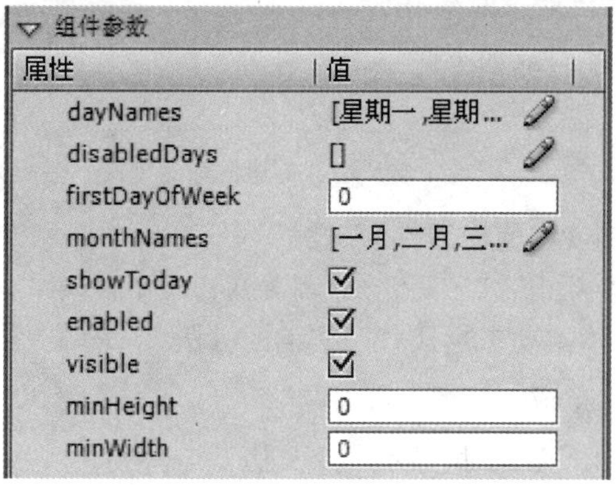

图 9-4 组件 DateChooser 的属性

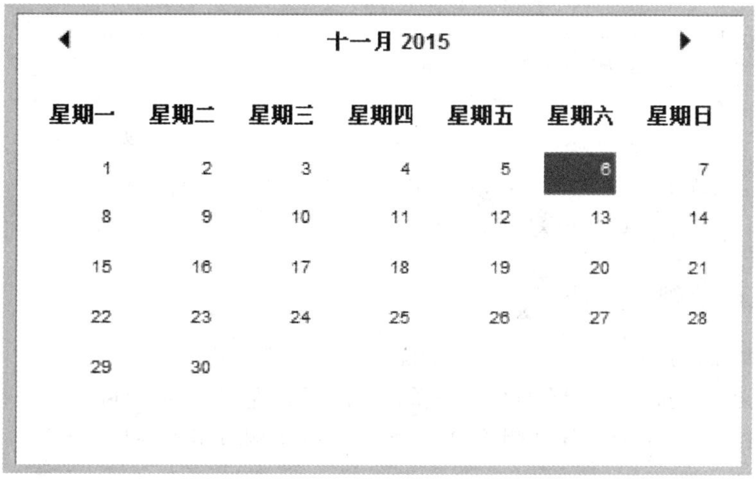

图 9-5 显示系统当前的日期和星期

9.2.3 用动作脚本创建组件实例

将组件添加到库中→选择组件要放置的关键帧→打开"动作"面板写帧脚本→在"动作"面板中调用 createClassObject() 方法,动画播放时动态创建组件实例。createClassObject() 方法的调用位置如图 9-6 所示。

createClassObject() 方法可以单独调用,也可以从任何组件实例中调用。

例如:

createClassObject(mx.controls.CheckBox, "cb", 2,{label:"复选框练习"});

功能:在当前帧生成复选框组件的实例。

说明:CheckBox 是组件名称,cb 是组件实例

图 9-6 createClassObject() 方法的调用位置

名称,深度为 2,组件标签为"复选框练习"。

上面的语句可以等价地写成如下两句:

```
import mx.controls.CheckBox;                              //确定组件类型为 CheckBox
createClassObject(CheckBox,"cb",2,{label:"复选框练习"});   //为组件生成实例
```

然后,使用组件的实例就与使用元件的实例一样了。

说明:无论是组件的名称、属性还是方法,都要注意大小写。

下面的例子介绍了用脚本动态生成日历实例的方法。

例 9-2 用脚本动态生成日历

编辑时舞台是空的,动画播放时,显示一个日历。

操作步骤如下:

① 单击图层 1 的第 1 帧→打开"动作"面板→写帧脚本,代码如下:

```
import mx.controls.DateChooser;                           //确定组件类型为 DateChooser
createClassObject(DateChooser,"c1",1,{label:"日历"});     //生成组件实例
c1._x = 150;                                              //实例的 x 坐标
c1._y = 100;                                              //实例的 y 坐标
```

② 测试影片,在舞台显示一个日历,日历左上角坐标为(150,100)。

说明:实例的名称也是在脚本中定义的。

9.2.4 从文档中删除组件

要删除文档中的组件实例,需要通过删除库中的组件完成。

打开"库"面板→选择要删除的组件→单击"库"面板左下方的"删除"按钮→在"删除"对话框中单击"是"按钮,选中的组件被删除,舞台中的组件实例也跟着一块被删除。

9.2.5 组件事件

"动作"面板提供组件的方法、事件和属性的列表。例如,单击 Button 组件,就会显示该组件的方法、事件和属性,如图 9-7 所示。

组件不同,其事件集合也不同,在"动作"面板中展开某个组件的"事件"项,可以看到该组件的"事件"列表。Button 组件的"事件"列表如图 9-8 所示。

图 9-7 Button 组件

图 9-8 Button 组件的"事件"列表

9.2.6 使用组件侦听器

组件侦听器用来处理组件事件,给侦听器添加一个事件处理函数,组件实例就能完成该事件所产生的动作。操作步骤如下:

① 将组件拖入舞台。
② 在"属性"面板中给组件的实例起名。
③ 在时间轴的第 1 帧写帧动作代码。

下面的例子将介绍组件侦听器的使用方法。

例 9-3 使用组件侦听器

动画播放时,单击 Button 组件实例在动态文本框中显示文字。

操作步骤如下:

① 在舞台中建立动态文本框→在"属性"面板中设置字颜色为黑色→字大小为 25→文本域变量名为 cc。
② 从"组件"面板中将 Button 组件拖放到舞台→在"属性"面板中给组件实例起名为 bb。
③ 单击第 1 帧→打开"动作"面板→写帧动作脚本,代码如下:

```
aa = new Object();                    //定义侦听器对象
aa.click = function(){                //定义事件 click
    cc = "欢迎使用 Flash 组件!";       //定义事件 click 发生时的动作内容
}
bb.addEventListener("click",aa);      //把事件附加给实例 bb
```

④ 测试影片,单击按钮显示变量 cc 的内容,如图 9-9 所示。

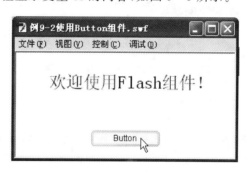

图 9-9 使用组件侦听器

除了使用侦听器对象外,还可以将函数用作侦听器。

例 9-3 的代码可以改为如下写法:

```
function mm(obj){                     //定义函数 mm,形参为 obj
    if(obj.type == "click"){          //如果 obj 的 type 属性是 click
        cc = "欢迎使用 Flash 组件!";    //在动态文本框中显示指定字符串
    }
}
bb.addEventListener("click", mm);     //把函数指定的动作附加给实例 bb
```

测试影片可以看到,执行的结果是一样的。

9.3 使用 Button 组件

9.3.1 认识 Button 组件

1. Button 组件

Button 组件又称为按钮组件,按钮在动画中常用来控制影片剪辑的播放和停止。表单一般都有"提交"按钮,有些动画还需要"下一个"和"上一个"按钮。

2. Button 组件的参数

在"组件"面板中将 Button 组件拖放到舞台,选取舞台中的组件实例,"属性"面板中将显示 Button 组件实例的参数,如图 9-10 所示。

图 9-10 Button 组件实例的参数

① icon:给按钮添加自定义图标。

② label:设置按钮上的文本,默认为 Button。

③ labelPlacement:设置按钮上的文本相对于图标的位置,默认为 right,还可以选 left、top 或 bottom。

④ selected:设置按钮的初始状态。若被选中,则按钮是按下状态;若被取消选中,则按钮是释放状态。默认为取消选中。

⑤ toggle:将按钮转变为开关式按钮。若被选中,则当按钮按下时保持按下状态,直到再次按下时才弹起;若被取消选中,则按钮是普通按钮样式。默认为取消选中。

9.3.2 静态生成 Button 组件的实例

下面的例子用图片作为 Button 组件的外观。

例 9-4 图片按钮

动画播放时,Button 组件实例的外观显示为定义的图片。

操作步骤如下：
① 向舞台导入位图→将位图转为图形元件→给元件起名为 mm→删除舞台中的位图。
② 从"组件"面板向舞台拖入 Button 组件→在"属性"面板中给组件的实例起名为 b1，"库"面板如图 9-11 所示。
③ 单击舞台中的组件实例→在"属性"面板的 icon 文本框中输入图形元件实例的名字 mm→在 label 文本框中输入 go 作为按钮文本→其他属性用默认值。
④ 测试影片，舞台中按钮的外观显示为指定的图片，如图 9-12 所示。

图 9-11 "库"面板(例 9-4)   图 9-12 图片按钮

9.3.3 动态生成 Button 组件的实例

下面的例子介绍了动态生成组件实例的方法。

例 9-5 动态生成按钮实例

动画播放时，动态生成 Button 组件的实例，单击按钮在文本框中显示文字。
操作步骤如下：
① 把 Button 组件拖入舞台→再将组件的实例删除，此时组件已经在库中。
② 在舞台中生成动态文本框→为文本域变量起名为 aa。
③ 单击第 1 帧→打开"动作"面板写帧脚本，代码如下：

```
import mx.controls.Button;              //Button 是组件的名称
createClassObject(Button,"b1",1,{label:"Test Button"});
                                        //Button 为名称,b1 为实例名,1 为深度,后面为标签
function abc(d){                        //定义函数 abc,以变量 d 为形参
  if (d.type == "click"){               //如果 d 的 type 值为 click
    aa = "你点了我了!";                  //在动态文本框中显示字符串
  }
}
b1._x = 200;                            //设置按钮的 x 坐标为 200
b1._y = 100;                            //设置按钮的 y 坐标为 100
b1.label = "AAA";                       //设置按钮的标签为 AAA
b1.setSize(80,40);                      //设置按钮的大小为 80×40
```

```
b1.addEventListener("click", abc);        //如果单击按钮,则执行 abc 函数
```

④ 测试影片。动画播放时,在坐标(200,100)的位置生成一个按钮实例,按钮标签为 AAA,按钮大小为 80×40,单击按钮,文本框位置显示字符串,效果如图 9-13 所示。

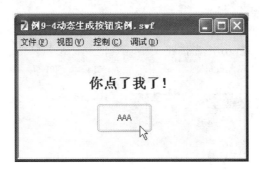

图 9-13 单击按钮显示字符串

9.4 使用 Label 组件

9.4.1 认识 Label 组件

1. Label 组件

Label 组件又称为标签组件,一个标签是一行文本,通常用来给另一个组件创建提示性文字。Label 组件没有边框,也没有焦点。

2. Label 组件的参数

把 Label 组件从"组件"面板拖到舞台中,生成组件的实例,"属性"面板将显示 Label 组件实例的参数,如图 9-14 所示。

① autoSize:指定标签上的文本显示方式和对齐方式,单击 autoSize 下拉列表框旁边的下三角按钮在下拉列表中选择。默认为 none,即标签大小不调整,这可能导致部分文字显示不出来;还可以选 left、center 或 right,此时标签可以调整大小以适应文本,并指定文本在标签中的对齐方式。

② html:指定标签是否支持超文本链接。默认为不支持,选中后为支持。

③ text:指定标签的文本。默认为 Label,还可以写其他文字。

9.4.2 Label 组件的使用方法

下面的例子介绍了动态设置组件实例属性的方法。

例 9-6 动态设置标签属性

动画播放时,动态生成 Label 组件实例的文字内容、文字颜色、文字大小以及文字在标签内的对齐方式等属性。

操作步骤如下:

① 在舞台中画一个矩形框→把 Label 组件拖到矩形框中,如图 9-15 所示。

图 9-14　Label 组件实例的参数　　　图 9-15　矩形框和 Label 组件

② 选取 Label 组件的实例→在"属性"面板中为实例起名为 aa→其他取默认值。
③ 单击第 1 帧→写帧动作脚本，代码如下：

```
s = new Object();
s.load = function(){
aa.setStyle("color","red");            //设置文本颜色
aa.setStyle("fontSize","20");          //设置文本字号
aa.text = "我是Label组件！";           //设置文本内容
aa.autoSize = "left";                  //设置标签与文本适应方式和对齐方式
}
aa.addEventListener("load",s);         //将一个load事件的处理函数添加到实例aa
```

④ 测试影片，动画效果如图 9-16 所示。

说明：

① 本例脚本中使用了 setStyle() 方法设置组件实例的属性，语法如下：

组件实例名.setStyle("属性名","属性值")；

② 颜色有两种表示方法，一是直接用颜色的英文单词，二是用十六进制数字。常用颜色名称与对应的十六进制数字如表 9-2 所列。

表 9-2　常用颜色名称与对应的十六进制数字

颜色名称	十六进制颜色值
black	0x000000
white	0xFFFFFF
red	0xFF0000
green	0x00FF00
yellow	0xFFFF00
blue	0x0000FF

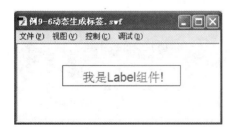

图 9-16　动态设置标签属性

以下两行代码是等价的：

aa.setStyle("color","red");
aa.setStyle("color","0xFF0000");

9.5 使用 CheckBox 组件

9.5.1 认识 CheckBox 组件

1. CheckBox 组件

CheckBox 组件又称为复选框控件,通过选中方式或取消选中方式进行操作。当需要收集一组允许多选的 true 或 false 值时,可以使用多个复选框。

2. CheckBox 组件的参数

把 CheckBox 组件从"组件"面板拖到舞台中,生成组件的实例,"属性"面板将显示组件实例的参数,如图 9-17 所示。

① label:设置复选框标签名称,标签显示在复选框旁边。

② labelPlacement:设置复选框标签的显示位置,可选 left、right、top 或 bottom。默认值为 right,此时标签显示在复选框右侧。

图 9-17 CheckBox 组件实例的参数

③ selected:设置复选框的初始状态,若被选中,则初始状态是选中状态;若被取消选中,则初始状态是未选中状态。默认为取消选中。

9.5.2 CheckBox 组件的使用方法

下面的例子介绍了 CheckBox 组件的使用方法。

例 9-7 使用复选框

动画播放时,根据复选框的选取情况显示不同信息。

操作步骤如下:

① 向舞台拖入 CheckBox 组件→在"属性"面板中给实例起名为 box→在"属性"面板中 label 文本框中输入"唱歌"→其他取默认值。

② 向舞台拖入 label 组件→放在 CheckBox 组件右边→在"属性"面板中给实例起名为 la→其他取默认值。

③ 建立动态文本框→放在 CheckBox 组件下方→在"属性"面板中给文本域变量起名为 d,舞台布置如图 9-18 所示。

④ 新建图层 2→单击图层 2 的第 1 帧→写帧脚本,代码如下:

```
c = 0;                          //c 是数值型变量
a = "";                         //a 是字符串型变量
m = new Object();               //建立侦听对象
m.click = function(){
if(c == 0){
c = 1;                          //当 c = 1 时复选框被选中
```

```
    la.text = "您喜欢唱歌."
    d = "您多才多艺."
    }
    else{
    c = 0;                                          //当 c = 0 时复选框取消选中
    la.text = "您不喜欢唱歌."
    d = "您有其他爱好吗?"
    }
    }
    box.addEventListener("click", m);               //将一个 click 事件处理函数添加到实例 box
```

⑤ 测试影片,选中复选框以后,显示结果如图 9-19 所示。

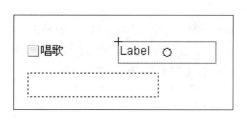

图 9-18 舞台布置(例 9-7)

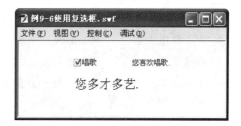

图 9-19 选中复选框后的显示结果

9.6 使用 RadioButton 组件

9.6.1 认识 RadioButton 组件

1. RadioButton 组件

RadioButton 组件提供单选按钮,在一组选项中只能选择其中一项。

2. RadioButton 组件的参数

把 RadioButton 组件从"组件"面板拖到舞台中,生成组件的实例,"属性"面板将显示组件实例的参数,如图 9-20 所示。

① data:设置与单选按钮相关的值,没有默认值。

② groupName:设置单选按钮的组名称,默认值为 radioGroup。同一组中单选按钮的组名称要相同。

③ label:设置按钮的提示文本,默认值是 Radio Button。

④ labelPlacement:设置提示文本显示的位置。默认值是 right,即文本在按钮右边;还可以选 left、top 或 bottom。

图 9-20 RadioButton 组件实例的参数

⑤ selected：设置单选按钮的初始状态。若被选中，则按钮的初始状态为选中，选中的按钮中显示一个圆点，一个组内只能有一个单选按钮被选中。默认为取消选中，即按钮的初始状态是未选中状态。

9.6.2 RadioButton 组件的使用方法

下面的例子介绍了 RadioButton 组件的使用方法。

例 9-8 使用单选按钮

动画播放时，根据单选按钮的选项显示不同信息。

操作步骤如下：

① 向舞台拖入 RadioButton 组件→在"属性"面板中给实例起名为 s1→在 data 文本框与 label 文本框中都输入"男士"→在 groupName 文本框中给组起名为 s，如图 9-21 所示。

② 向舞台拖入第 2 个 RadioButton 组件→在"属性"面板中给实例起名为 s2→在 data 文本框与 label 文本框中都输入"女士"→在 groupName 文本框中给组起名为 s。

③ 向舞台拖入一个 Label 组件→在"属性"面板中给实例起名为 a，舞台布置如图 9-22 所示。

图 9-21 设置 RadioButton 组件实例的参数　　图 9-22 舞台布置(例 9-8)

④ 单击第 1 帧→写帧脚本，代码如下：

a.setStyle("fontSize","15");   //将标签的字号设置为 15

⑤ 选中"男士"单选按钮→写按钮脚本，代码如下：

on(click){
_root.a.text = "您好,先生!";   //设置标签 a 的文字
}

⑥ 选中"女士"单选按钮→写按钮脚本，代码如下：

on(click){
_root.a.text = "您好,女士!";
}

⑦ 测试影片，选中"女士"单选按钮，Label 组件会显示"您好,女士!"，舞台效果如图 9-23 所示。

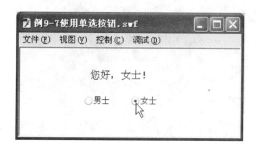

图 9-23 选中"女士"单选按钮

9.7 使用 ComboBox 组件

9.7.1 认识 ComboBox 组件

1. ComboBox 组件

使用 ComboBox 组件可以建立组合框,在组合框中提供下拉列表,用户可在下拉列表中选择一项。

2. ComboBox 组件的参数

把 ComboBox 组件从"组件"面板拖到舞台中,生成组件的实例,"属性"面板将显示组件实例的参数,如图 9-24 所示。

图 9-24 ComboBox 组件实例的参数

① data:一个字符串数组,其元素与 labels 中的元素对应。
② editable:设置是否具有文本编辑功能,默认不能。
③ labels:一个字符串数组,设置下拉列表的各项目。
④ rowCount:设置下拉列表项目的数量,默认是 5 个。

9.7.2 ComboBox 组件的使用方法

1. 静态建立组合框

下面的例子介绍了静态建立 ComboBox 组件实例的方法。

例 9-9 静态建立组合框

动画播放时,选择组合框下拉列表中的一项,显示对应信息。

操作步骤如下:

① 向舞台拖入 ComboBox 组件→在"属性"面板中给实例起名为 c。

② 向舞台拖入 Label 组件→在"属性"面板中给实例起名为 a→用任意变形工具调整大小。

③ 选取实例 c→在"属性"面板中单击 labels 右边的中括号→在"值"对话框中单击 ➕ 按钮添加项目→共添加 4 项:"山东"、"山西"、"河南"、"河北"→单击"确定"按钮。添加列表项如图 9-25 所示。

④ 单击第 1 帧→写帧动作脚本,代码如下:

```
a.setStyle("fontSize","15");                    //设置标签上的字号
form = new Object();                            //设置侦听对象
form.change = function(evt){                    //设置侦听对象的事件
a.text = "您是" + evt.target.selectedItem.label + "人!";   //设置事件对应的动作
}
c.addEventListener("change",form);              //将 change 事件处理函数添加给实例 c
```

⑤ 测试影片。在组合框下拉列表中选择"山西",Label 组件会显示"您是山西人!",动画效果如图 9-26 所示。

图 9-25 添加列表项目

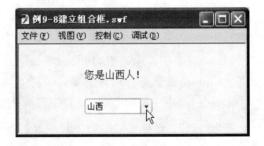

图 9-26 在组合框下拉列表中选择"山西"

说明:代码中的 change 可以换成 close,运行结果相同。

2. 动态建立组合框

下面的例子介绍了用脚本动态建立 ComboBox 组件实例的方法。

例 9-10　动态建立组合框

动画播放时,显示用脚本建立的组合框。

操作步骤如下：

① 向舞台拖入 ComboBox 组件→在"属性"面板中给实例起名为 c。

② 向舞台拖入 Label 组件→在"属性"面板中给实例起名为 b→用任意变形工具调整大小→放在 ComboBox 组件实例的上方位置。

③ 单击第 1 帧→写帧动作脚本如下：

```
var a = ["山东","山西","河南","河北"];          //建立数组存放项目
for(i = 0; i<a.length; i ++){
c.addItem(a[i]);
}                                                //用循环把项目内容加到组件中
form = new Object();
form.close = function(evt){
b.text = "您是" + evt.target.selectedItem.label + "人!";   //设置标签文本
}
c.addEventListener("close",form);                //将 close 事件处理函数添加到实例 c
```

④ 测试影片,动画效果与例 9-9 相同。

说明：

① addItem 是 ComboBox 组件的方法,给列表添加新项目。

② length 是数组的属性,给出数组中元素数量,当把新元素添加到数组时,此属性会自动更新。

9.8　使用 List 组件

9.8.1　认识 List 组件

1. List 组件

List 组件用来建立列表框,可以同时列出多个选项,选项可以单选或多选；另外,列表框还能显示图形。

2. List 组件的参数

把 List 组件拖到舞台生成组件的实例,在"属性"面板中查看组件实例的参数,如图 9-27 所示。

说明：

① data 和 labels 参数的作用与 ComboBox 组件的 data 和 labels 相同。

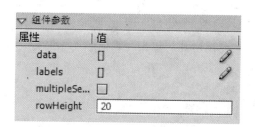

图 9-27　List 组件实例的参数

② multipleSelection：设置是否具有多选功能，默认没有多选功能。若被选中，则选择项目时按下 Ctrl 键或 Shift 键可进行多选。

③ rowHeight：设置列表中每行的高度，默认值为 20 像素。

9.8.2 List 组件的使用方法

下面的例子介绍了用 List 组件建立列表框的方法。

例 9-11　建立列表框

动画播放时，单击列表框中的一个值，显示与该值对应的信息。

操作步骤如下：

① 向舞台拖入 List 组件→在"属性"面板中给实例起名为 mylist。

② 建立动态文本框→在"属性"面板中给文本域变量起名为 a。舞台的布局如图 9-28 所示。

③ 单击 List 组件实例→在"属性"面板中单击 labels 旁的中括号→在"值"对话框中添加 4 项→输入对应的值（如水果、蔬菜、肉类、海鲜）→单击"确定"按钮，如图 9-29 所示。

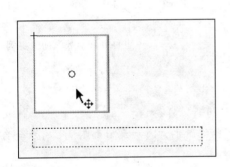
图 9-28　舞台布置（例 9-11）

图 9-29　为 labels 添加 4 项

④ 在"属性"面板中单击 data 旁的中括号→在"值"对话框中添加 4 项→单击"确定"按钮，如图 9-30 所示。

⑤ 单击第 1 帧→写帧脚本，代码如下：

```
form = new Object();                                    //设置侦听对象
form.change = function(evt){                            //设置侦听对象的事件
a = "本项目包括：" + evt.target.selectedItem.data;       //设置事件对应的动作
}
mylist.addEventListener("change",form);                 //把设置的事件附加给实例
```

⑥ 测试影片。单击列表框中的"水果"项，显示对应的 data 值"苹果，葡萄"，如图 9-31 所示。

图 9-30　为 data 添加 4 项

图 9-31　建立的列表框

9.9　使用 ScrollPane 组件

9.9.1　认识 ScrollPane 组件

1. ScrollPane 组件

使用 ScrollPane 组件能建立带滚动条的显示窗口，显示影片剪辑、JPEG 文件或 SWF 文件，拖动滚动条能在一个有限区域内观看较大图片。

2. 在舞台中生成 ScrollPane 组件的实例

ScrollPane 组件实例的主要参数较多，在"属性"面板中可以查看和设置实例的参数，如图 9-32 所示。

图 9-32　ScrollPane 组件实例的参数

① contentPath：指明显示内容所在位置。
② hLineScrollSize：单击轨道两端箭头时水平滚动条移动的尺寸，默认为 5 像素。

③ hPageScrollSize：单击轨道时水平滚动条移动的尺寸，默认为 20 像素。

④ hScrollPolicy：设置水平滚动条是否显示，取值 on 为显示，取值 off 为不显示，默认值为 auto（自动）。

⑤ scrollDrag：设置是否可以用鼠标直接移动显示内容。若取值为 true，则鼠标在窗口中变为手形状，按下鼠标可直接移动内容；若取值为 false，则不能用鼠标直接移动窗口中的内容。默认值为 false。

⑥ vLineScrollSize：单击轨道两端箭头时垂直滚动条移动的尺寸，默认为 5 像素。

⑦ vPageScrollSize：单击轨道时垂直滚动条移动的尺寸，默认为 20 像素。

⑧ vScrollPolicy：设置垂直滚动条是否显示，取值 on 为显示，取值 off 为不显示，默认值为 auto。

⑨ enabled：默认值为选中，即组件可用。若为取消选中，组件显示为灰色，不可用。

⑩ visible：默认值为选中，即组件可见。若为取消选中，组件不显示。

9.9.2　ScrollPane 组件的使用方法

下面的例子介绍了 ScrollPane 组件的使用方法。

例 9-12　建立滚动窗口

动画播放时，拖动滚动窗口的滚动条观看图片各部分。

操作步骤如下：

① 向舞台导入位图→设置文档背景色为浅灰色。

② 将图片转换为图形元件→给元件起名为"风景"→编辑元件大小为 220×180→在"库"面板中双击元件的"AS 链接"处→输入链接标识符 b→删除舞台中的图片。设置元件的"AS 链接"如图 9-33 所示。

③ 向舞台拖入 ScrollPane 组件→设置实例大小为 170×130→在"属性"面板中设置 contentPath 的属性为 b→其他取默认值。

④ 测试影片。图片显示在一个带滚动条的窗口中，拖动滚动条可以查看图片各部分，如图 9-34 所示。

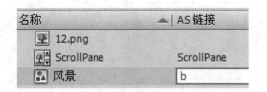

图 9-33　设置元件的"AS 链接"

图 9-34　建立的滚动窗口

9.10 使用 Loader 组件

9.10.1 认识 Loader 组件

1. Loader 组件

Loader 组件是一个容器,用来显示 JPEG 文件、SWF 文件或影片剪辑。使用 Loader 组件建立的加载器,默认情况下加载的内容会自动缩放,以适合 Loader 实例的大小。

2. Loader 组件实例的参数

在舞台中生成 Loader 组件的实例后,"属性"面板将显示实例参数,如图 9-35 所示。

① autoLoad:指明 Loader 中的内容是否自动加载。若为选中,则自动加载;若为取消选中,则在调用 Loader.load()方法时才加载。默认为选中。

② contentPath:指明内容所在位置,可以用绝对路径或相对路径,或输入影片剪辑的链接标识符。

③ scaleContent:若为选中,则使内容缩放以适应加载器;若为取消选中,则使加载器缩放以适应内容。默认为选中。

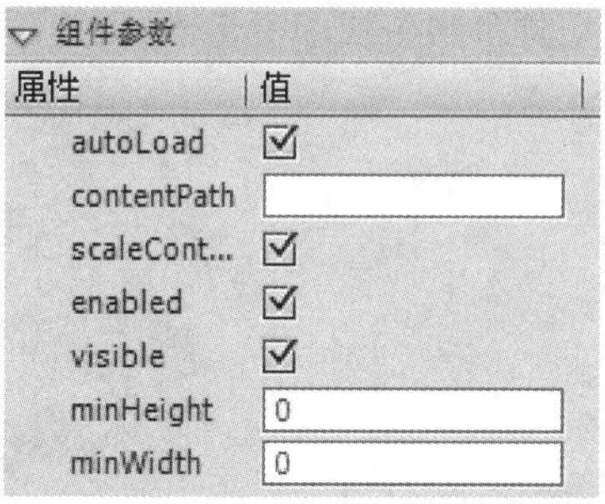

图 9-35 Loader 组件实例的参数

9.10.2 Loader 组件的使用方法

下面的例子介绍了 Loader 组件的使用方法。

例 9-13 用 Loader 组件显示图片

动画播放时,组件实例按照图片大小缩放。

操作步骤如下:

① 向舞台导入位图文件→将位图转换为影片剪辑元件→元件命名为 aa→编辑元件大小为 300×220→删除舞台中的图片→在"库"面板中定义元件的链接标识符为 aa。

② 向舞台拖入 Loader 组件→调整组件实例的大小为 100×100→在"属性"面板中设置实例的 contentPath 属性为 aa→取消选中 scaleContent 属性。

③ 测试影片,组件实例放大,与图片大小相同,如图 9-36 所示。

说明:若选中 scaleContent 属性,则图片会按组件实例尺寸缩小显示。

图 9-36 组件实例按图片大小缩放

9.11 使用 Window 组件

9.11.1 Window 组件

1. 认识 Window 组件

Window 组件可以生成一个有标题栏、边框和关闭按钮的窗口,组件支持拖动操作,可以用鼠标按住窗口的标题栏将窗口移到其他位置;但是,窗口的大小不能更改。

2. Window 组件实例的参数

在舞台中生成 Window 组件的实例,在"属性"面板中显示实例参数,如图 9 - 37 所示。

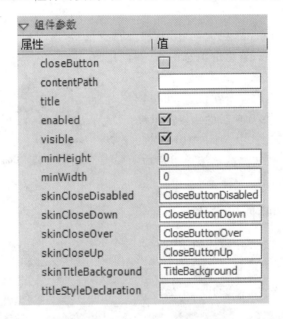

图 9 - 37　Window 组件实例的参数

① closeButton:设置窗口是否显示关闭按钮。若被选中,则显示关闭按钮;若被取消中,则不显示关闭按钮。默认为取消选中。

② contentPath:设置窗口的显示内容。使用时可以输入内容所在位置的 URL,或输入影片剪辑的链接标识符。加载内容会被剪裁,以适合窗口大小。

③ title:设置窗口的标题。

9.11.2 Window 组件的使用方法

下面的例子介绍了 Window 组件的使用方法。

例 9 - 14　用 Window 组件显示图片

动画播放时,建立 Window 窗口显示图片。

操作步骤如下:

① 向舞台导入位图文件→将位图转换成影片剪辑元件→给元件实例起名为 cat→设置实

例大小为100×120→在"库"面板中设置实例的"AS链接"标识符为cat。

② 向舞台拖入Button组件→在"属性"面板中给组件实例起名为but→设置label属性为"显示窗口"→其余选默认值。

③ 向舞台拖入Window组件→在"属性"面板中设置组件大小为120×120→给实例起名为mywindow→选中closeButton属性→设置contentPath的属性为cat→设置title的属性为test→其余取默认值。舞台布局如图9-38所示。

④ 单击第1帧→写帧动作脚本，代码如下：

```
but._visible = 0;                          //影片开始时让按钮不显示
a = new Object();
a.click = function(){
mywindow._visible = 1;                     //窗口显示
but._visible = 0;                          //按钮不显示
}
but.addEventListener("click",a);           //将单击事件附加给实例but
b = new Object();
b.click = function(){
mywindow._visible = 0;                     //窗口不显示
but._visible = 1;                          //按钮显示
}
mywindow.addEventListener("click",b);      //将单击事件附加给实例mywindow
```

⑤ 测试影片。影片开始时只显示窗口，单击窗口标题栏的"关闭"按钮后窗口隐藏，按钮显示出来；单击"显示窗口"按钮后按钮隐藏，窗口显示出来，如图9-39所示。

图9-38 舞台布局(例9-14)　　　　图9-39 打开和关闭窗口

9.12 使用TextArea组件

9.12.1 认识TextArea组件

1. TextArea组件

TextArea组件能生成一个输入文字的文本域，功能类似于文本工具的动态文本。输入的文字在组件内能自动换行，当文字数量超出显示框范围时，文本域会自动生成滚动条。

2. TextArea组件实例的参数

在舞台中生成TextArea组件的实例后，"属性"面板将显示实例参数，如图9-40所示。

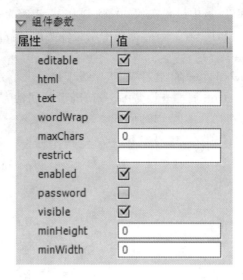

图 9-40　TextArea 组件实例的参数

① editable：设置文本框中的内容是否可编辑。选中为可以，取消选中为不可以。默认为取消选中。

② html：设置文本是否支持超链接。选中为支持，取消选中为不支持。默认为取消选中。

③ text：在此文本框中输入文本域初始内容。

④ wordWrap：设置文本是否可以自动换行。选中为可以，此时生成纵向滚动条；取消选中为不可以，此时生成横向滚动条。默认为选中。

9.12.2　TextArea 组件的使用方法

下面的例子介绍了 TextArea 组件的使用方法。

例 9-15　用 TextArea 组件输入文字

动画播放时，在文本域输入文字，在文本域外单击，文本域外显示对应信息。

操作步骤如下：

① 在舞台中生成动态文本框→给文本域变量起名为 aa。

② 向舞台拖入 TextArea 组件放在动态文本框下方→在"属性"面板中给实例起名为 t→调整实例大小和位置。

③ 单击第 1 帧→写帧脚本，代码如下：

```
c = new Object();
c.focusOut = function(){            //定义 focusOut 事件的动作
    if(t.length<1){                 //如果文本字数小于 1
        aa = "文本框不能为空！";      //动态文本框显示字串
    }
    else{
        aa = t.text;                //动态文本框显示组件实例中的内容
    }
}
```

```
t.addEventListener("focusOut",c);        //把动作附加到组件实例 t
```

④ 测试影片。当文本域为空时单击文本域外面,动态文本框显示"文本框不能为空!"。向文本域输入文字后单击文本域外面,动态文本框显示文本域的内容。使用文本域组件的效果如图 9-41 所示。

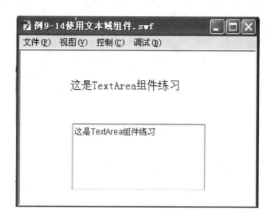

图 9-41 动态文本框显示文本域的内容

说明:focusOut 是 TextArea 组件的事件,当单击组件以外位置时发生该事件。

9.13 使用 TextInput 组件

9.13.1 认识 TextInput 组件

1. TextInput 组件

TextInput 组件可以生成输入文字的单行文本域,功能类似于文本工具的输入文本框,常用来制作输入密码的文本域。

2. 在舞台中生成 TextInput 组件的实例

在舞台中生成 TextInput 组件的实例后,"属性"面板将显示实例参数,如图 9-42 所示。
① editable:设置文本框中的内容是否可编辑。默认为选中,允许编辑。
② password:设置文本字段是否为密码字段。默认为取消选中。
③ text:可以在此文本框中输入文本框初始内容。

9.13.2 TextInput 组件的使用方法

下面的例子介绍了 TextInput 组件的使用方法。

例 9-16 用 TextInput 组件输入密码

动画播放时,在文本框中输入密码,根据密码是否正确显示对应信息。
操作步骤如下:
① 向舞台拖入 TextInput 组件→在"属性"面板中给实例起名为 mm→选中 password 属性。

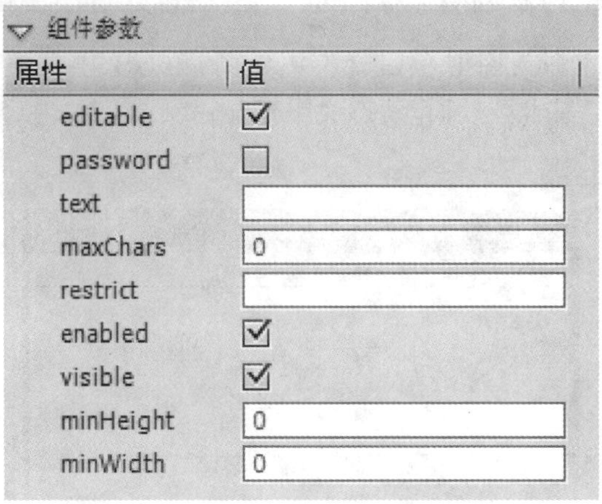

图 9-42　TextInput 组件实例的参数

② 在组件实例左边写文字"请输入密码："→在组件实例右边放一个按钮→在组件实例下方建立动态文本框→给文本域变量起名为 tt。

③ 给按钮写脚本，代码如下：

```
on (press) {
if(mm.text! = "123456"){
tt = "密码错!";
}
else{
tt = "欢迎你!";
}
}
```

④ 测试影片。在组件实例中输入"123"，动态文本框显示"密码错！"；在组件实例中输入"123456"，动态文本框显示"欢迎你！"。输入的文字按密码方式显示。使用文本输入组件的效果如图 9-43 所示。

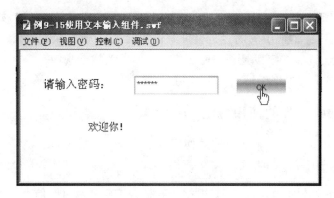

图 9-43　使用文本输入组件

9.14 使用 ProgressBar 组件

9.14.1 认识 ProgressBar 组件

1. ProgressBar 组件

ProgressBar 组件可以生成一个下载进度条,在用户等待下载内容时显示当前文件的下载进度,一般与 Loader 组件一起使用。下载的文件既可以是本地机器上的文件,也可以是网上的素材。

2. ProgressBar 组件实例的参数

生成 ProgressBar 组件的实例后,"属性"面板将显示实例参数,如图 9-44 所示。

图 9-44　ProgressBar 组件实例的参数

① conversion:设置变化量,默认为 1,即每下载完成 1%时进度条前进一格。如果设为 2,则每下载完成 2%时进度条前进一格。

② direction:设置进度条填充的方向。默认为 right,向右填充。

③ label:设置下载进度的提示文本。

④ labelPlacement:设置下载进程标签的显示位置,可选参数有 left、right、top、bottom 或 center,默认为 bottom。

⑤ mode:设置当前进度条的运行模式,可选参数有 event、polled 或 manual。

⑥ source:设置与进度条绑定的下载源,通常是 Loader 组件实例的名称。

9.14.2 ProgressBar 组件的使用方法

下面的例子介绍了 ProgressBar 组件的使用方法。

例 9-17　用 ProgressBar 组件生成进度条

动画播放时,进度条显示下载的进度信息。

操作步骤如下：

① 将图片文件"5.jpg"复制到动画文档所在文件夹中。

② 向舞台拖入 Loader 组件→放在舞台中央→在"属性"面板中给实例起名为 ld→设置实例大小为 250×150。

③ 向舞台拖入 ProgressBar 组件→放在 Loader 组件实例的下方→在"属性"面板中给实例起名为 bar。

④ 单击第 1 帧→写帧脚本，代码如下：

```
bar.source = ld;              //ProgressBar 组件绑定下载源是 Loader 组件实例 ld
ld.autoLoad = false;          //设置 Loader 组件的 autoLoad 属性为假
ld.contentPath = "5.jpg";     //设置 Loader 组件要载入文件的位置和名称
ld.load();                    // Loader 组件开始载入图片
```

⑤ 测试影片。进度条显示图片载入进度，直至 100%，如图 9-45 所示。

图 9-45　进度条显示图片载入进度

9.15　使用 MediaPlayback 组件

9.15.1　认识 MediaPlayback 组件

1. MediaPlayback 组件

用 MediaPlayback 组件可以生成媒体播放器，播放 FLV 文件或 MP3 文件。

2. MediaPlayback 组件实例的参数

生成 MediaPlayback 组件的实例后，单击"属性"面板的"参数、绑定和架构面板"按钮，在打开的"组件检查器"面板中单击"参数"标签，切换到"参数"选项卡，显示实例参数，如图 9-46 所示。

① FLV：选定该项组件实例将播放 FLV 文件。

② MP3：选定该项组件实例将播放 MP3 文件。

③ URL：指定被播放文件的存放位置，如果与动画位置相同，则只写文件名。

图 9 – 46　MediaPlayback 组件实例的参数

9.15.2　MediaPlayback 组件的使用方法

MediaPlayback 组件属于 Media 组件类,如图 9 – 47 所示。

下面的例子介绍了 MediaPlayback 组件的使用方法。

例 9 – 18　播放 MP3 文件

动画播放时,生成播放器,播放指定的 MP3 文件。

操作步骤如下:

① 将"儿时记忆.mp3"复制到动画文档所在文件夹。

② 向舞台拖入 MediaPlayback 组件→设置实例大小为 300×200。

③ 将舞台大小调整到 300×200。

④ 打开"组件检查器"面板→单击"参数"标签切换到"参数"选项卡→选中"MP3"单选按钮→在 URL 文本框中输入"儿时记忆.mp3"→其他取默认值,参数设置如图 9 – 48 所示。

图 9 – 47　MediaPlayback 组件

图 9 – 48　相关参数设置

⑤ 测试影片，播放器播放"儿时记忆.mp3"。

9.16 上机实验 用组件制作表单

1. 实验目的

用组件制作一个表单，单击"提交"按钮后将表单内容显示在文本框中。通过本实验，进一步练习组件的使用方法。

2. 具体要求

① 用文本框组件、单选按钮组件、组合框组件和按钮组件完成表单设计。
② 编写"提交"按钮代码，单击按钮，将表单内容显示在文本框中。

3. 操作步骤

① 新建"实验 9-1 表单.fla"文档→定义文档大小为 400×300→定义背景色为浅蓝色→用 4 个静态文本框分别写 4 行文字："您的姓名"、"您的性别"、"您的籍贯"、"您的留言"→将 4 行文字排成一列。

② 用文本工具在"您的姓名"后面建立输入文本框→在"属性"面板中给文本框起名为 myname。

③ 在"您的性别"后面生成两个 RadioButton 组件的实例→"组名"属性都是 sex→第 1 个单选按钮的 label 和 data 属性都是"男"→第 2 个单选按钮的 label 和 data 属性都是"女"。

④ 在"您的籍贯"后面生成 ComboBox 组件的实例→在"属性"面板中给实例起名为 mychoice→在 data 属性中输入几个省份的名称→在 labels 属性中输入相同的值。

⑤ 用文本工具在"您的留言"下面建立多行输入文本框→在"属性"面板中给文本框起名为 inputword。

⑥ 在最下方生成 Button 组件的实例→在"属性"面板中给实例起名为 b1→label 属性中输入文字"提交"。

⑦ 用文本工具在以上信息的右边建立多行动态文本框→在"属性"面板中给文本框起名为 outputword→在文本框内写一行文字"您的信息："。表单布局如图 9-49 所示。

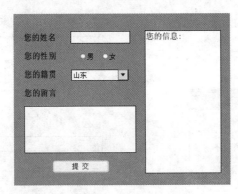

图 9-49 表单布局

⑧ 单击第1帧→写帧动作脚本,代码如下:

```
abc = new Object();
abc.click = function(){
outputword.text = "\r 姓名" + myname.text + "\r\r 性别" + sex.getValue() + "\r\r 籍贯" +
mychoice.getValue() + "\r\r 留言" + inputword.text ;
}                                    //在动态文本框中显示字符串
b1.addEventListener("click", abc);    //将动作附加给按钮组件的实例b1
```

⑨ 测试影片。在表单左边输入信息,单击按钮,输入的信息显示在右边的文本框中,如图 9-50 所示。

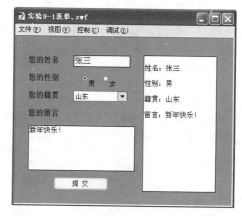

图 9-50 表单信息显示在右边的文本框中

说明:
① \r:作用是另起一行。
② sex.getValue():得到当前单选按钮的 label 值。
③ mychoice.getValue():得到 ComboBox 组件实例 mychoice 当前选取的值。
④ inputword.text:得到动态文本框 inputword 中的文本。

思考题与上机练习题九

1. 思考题

(1) 什么是组件?
(2) 为什么要使用组件?
(3) 怎样查看组件的事件和方法?
(4) 怎样修改组件实例的属性?

2. 上机练习题

(1) 在舞台中生成一个标签组件和两个按钮组件,单击一个按钮使标签字变黑,单击另一个按钮使标签字变红。
(2) 分别用 ScrollPane 组件、Loader 组件和 Window 组件载入同一幅图片。
(3) 制作一个调查用户对某产品满意度的表单。

第 10 章 综合实例

第 10 章程序

本章将介绍 3 个综合实例,其中前两个实例来自学生习作。实例不但告诉我们如何将学过的知识用于解决实际问题,也告诉我们经过本课程的学习,一个 Flash 新手至少应该达到什么样的制作水平。

本书配套资料中还有许多不同学习阶段、不同主题的学生习作,供学习者参考。

10.1 制作课件

10.1.1 设计要求

制作一个小学课件,讲解如何计算长方形和正方形的周长。为配合讲课需要,每一段内容都要停留在屏幕上,单击才能显示下一段内容。

10.1.2 设计思路

按照课程内容分别制作 5 个场景:
① 课程前导,从龟兔赛跑动画引出计算周长的必要性。
② 周长概念,辨别能够计算周长的图形,给出周长的定义。
③ 计算周长,分别计算正方形和长方形的周长。
④ 周长公式,给出计算正方形和长方形周长的公式。
⑤ 课堂练习,通过 4 个课堂练习题对本课所讲内容加深印象。
"场景"面板如图 10-1 所示。

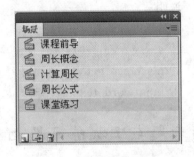

图 10-1 课件的 5 个场景

10.1.3 设计过程

1. 准备工作

操作步骤如下:
① 建立"小学课件.fla"文档→定义文档背景色为淡蓝色→舞台大小为 640×480→定义文档帧频率为 12 帧/秒。
② 将相应位图导入到库中→制作"兔子"影片剪辑元件→制作"乌龟"图形元件→制作一些静态图形元件。
③ 制作按钮元件→在"点击"帧插入关键帧→画大小为 640×480 的矩形→矩形坐标为 (−320,−240)→给按钮起名为"全屏按钮"。这样制作的按钮是透明按钮,注册点在矩形中心。

④ 在"场景"面板中添加场景→全部场景从上到下依次命名为课程前导、周长概念、计算周长、周长公式、课堂练习。

2. 制作场景1——课程前导

本场景通过一个龟兔赛跑实例引入对周长的认识。

操作步骤如下：

① 建立"按钮"层→移到图层1的下方→单击第1帧→从库中将"全屏按钮"拖入舞台→使按钮遮盖舞台→在第378帧插入帧→定义按钮动作脚本如下：

```
on(release){
    play();
}
```

② 将图层1改名为"背景"→在第1帧插入动画起始图→在第2帧插入空白关键帧→放置"龟兔赛跑"背景图→在第378帧插入帧→给两个关键帧都添加帧动作stop()。

动画起始图和"龟兔赛跑"背景图如图10-2和图10-3所示。

图10-2　动画起始图　　　　　　图10-3　"龟兔赛跑"背景图

③ 新建图层→改名为"兔子"→为图层添加传统运动引导层→在引导层画环绕大圈的椭圆路径→将路径擦去一小段产生起点和终点→在第378帧插入帧。

④ 在"兔子"层的第2帧插入关键帧→将静态"兔子"图形元件拖到大圈起点→在第3帧插入空白关键帧→将"兔子"影片剪辑元件拖到大圈的起点→在第361帧插入关键帧→将影片剪辑实例拖到路径终点→在两个关键帧之间创建传统补间→在"属性"面板中选中"调整到路径"→在第362帧插入空白关键帧→将静态"兔子"图形元件拖到路径终点→与前一关键帧"兔子"对齐→在第362帧添加帧动作stop()→在第378帧插入帧。

⑤ 在最上方新建图层→改名为"乌龟"→为图层添加传统运动引导层→在引导层画环绕小圈的椭圆路径→擦去一小段产生起点和终点→在引导层第378帧插入帧。

⑥ 在"乌龟"层的第2帧插入关键帧→将"乌龟"图形元件拖到小圈起点→在第330帧插入关键帧→将"乌龟"拖到小圈终点→在两个关键帧之间创建传统补间→在"属性"面板中选中"调整到路径"→在第332帧插入关键帧→在小圈路径终点小红旗→在第378帧插入帧。

⑦ 在最上方新建图层→改名为"圈变色"→在第363帧插入关键帧→比照两路径大小画红色大圈和小圈→在第367帧插入关键帧→将两圈变为黑色→在第369帧插入关键帧→将两圈变为红色→在第373帧插入关键帧→将两圈变为黑色→在第375帧插入关键帧→将两圈变为红色→在第378帧插入关键帧→将两圈变为黑色→在第378帧添加帧动作stop()。

场景 1 的时间轴如图 10-4 所示。

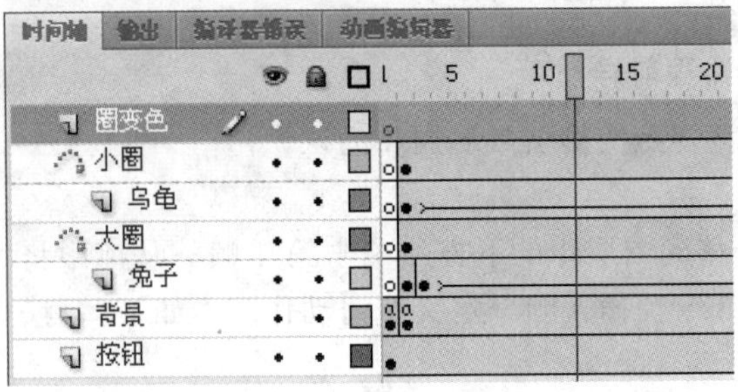

图 10-4 场景 1(课程前导)的时间轴

⑧ 拖动播放头观看场景 1(课程前导),首先显示动画起始图,单击后显示龟兔赛跑,再次单击显示一大一小两个闪烁的椭圆路径。

3. 制作场景 2——周长概念

本场景介绍了周长的概念,并指出什么样的图形可以求周长。
操作步骤如下:

① 建立"按钮"层→移到图层 1 的下方→单击第 1 帧→从库中将"全屏按钮"拖入舞台→使按钮遮盖舞台→在第 92 帧插入帧→定义按钮动作脚本如下:

```
on (release) {
    play();
}
```

② 将图层 1 改名为"文字"→单击第 1 帧→写文字"下列哪几个图形能指出它的周长?"→在第 86 帧插入帧→第 1 帧添加帧动作 stop()。

③ 新建图层→改名为"4 个图形"→第 1 帧画 4 个可以计算周长的黑色图形放在舞台左边→将 4 个图形组合→在第 15 帧插入关键帧→把组合放大→在两个关键帧之间创建传统补间→在第 15 帧添加帧动作 stop()。

④ 新建图层→改名为"两个图形"→单击第 1 帧→画两个不能计算周长的黑色图形放在舞台右边→将两个图形组成一个图形元件→在第 7 帧插入关键帧→定义图形元件实例的 Alpha 值为 0→在两个关键帧之间创建传统补间。

第 1 帧的效果和第 15 帧的效果如图 10-5 所示。

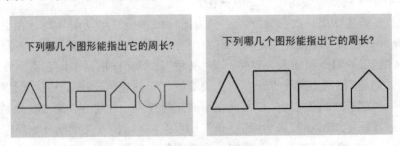

图 10-5 第 1 帧的效果和第 15 帧的效果

⑤ 新建图层→改名为"三角形"→在第 16 帧插入关键帧→复制黑色三角形到当前位置→

在第 18 帧、第 21 帧、第 23 帧、第 26 帧插入关键帧→使三角形红、黑、红、黑变色→在第 26 帧添加帧动作 stop()→在第 86 帧插入帧。

⑥ 新建图层→改名为"正方形"→在第 16 帧插入关键帧→复制黑色正方形到三角形右边→在第 28 帧、第 31 帧、第 33 帧、第 36 帧插入关键帧→使正方形红、黑、红、黑变色→在第 36 帧添加帧动作 stop()→在第 86 帧插入帧。

⑦ 新建图层→改名为"矩形"→在第 16 帧插入关键帧→复制黑色矩形到正方形右边→在第 38 帧、第 41 帧、第 43 帧、第 46 帧插入关键帧→使矩形红、黑、红、黑变色→在第 46 帧添加帧动作 stop()→在第 86 帧插入帧。

⑧ 新建图层→改名为"多边形"→在第 16 帧插入关键帧→复制黑色五边形到矩形右边→在第 48 帧、第 51 帧、第 53 帧、第 56 帧插入关键帧→使五边形红、黑、红、黑变色→在第 56 帧添加帧动作 stop()→在第 61 帧插入空白关键帧→画六边形→用补间形状使五边形变为六边形→在第 61 帧、第 63 帧、第 66 帧、第 71 帧插入关键帧→使六边形红、黑、红、黑变色→在第 71 帧添加帧动作 stop()→在第 76 帧插入关键帧→用补间形状使六边形变为八边形→在第 78 帧、第 81 帧、第 83 帧、第 86 帧插入关键帧→使八边形红、黑、红、黑变色→在第 86 帧添加帧动作 stop()。

说明：用颜色闪烁的方法可以加深对图形的印象。

⑨ 在"文字"层的第 87 帧插入关键帧→定义字大小为 32 点→写文字"围成一个图形的所有边长的总和，叫这个图形的周长。"→在第 89 帧插入关键帧→将其中的"围成、所有边长、总和、周长"几个字变为红色→在第 92 帧插入关键帧→给第 92 帧添加帧动作 stop()。

⑩ 拖动播放头观看场景 2(周长概念)，先介绍哪些图形能求周长，然后给出周长的定义。场景 2 的时间轴如图 10-6 所示。

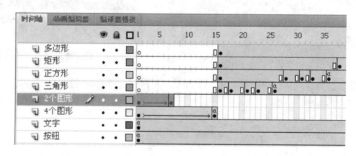

图 10-6 场景 2(周长概念)的时间轴

4. 制作场景 3——计算周长

本场景通过计算正方形和长方形的周长引入周长计算的内容。

操作步骤如下：

① 建立"按钮"层→将"按钮"层移到图层 1 的下方→从库中将"全屏按钮"拖入舞台→使按钮遮盖舞台→定义按钮动作脚本如下：

```
on(release){
    play();
}
```

② 单击图层 1 的第 1 帧→画矩形和正方形且上下摆放→在第 2 帧插入关键帧→标出正

方形边长并将正方形和标注一起变成组合→删除矩形→在第 8 帧插入关键帧→将组合移到舞台右上角→在两个关键帧之间创建传统补间→给第 1 帧、第 2 帧、第 8 帧添加帧脚本 stop()。

③ 新建图层 2→在第 2 帧插入关键帧→将矩形粘贴到当前位置→标出矩形边长并将矩形和标注一起变成组合→在第 8 帧插入关键帧→将组合移到舞台左上角→在两个关键帧之间创建传统补间。

④ 在"按钮"层的第 8 帧插入关键帧→写文字。

第 2 帧和第 8 帧的效果如图 10-7 所示。

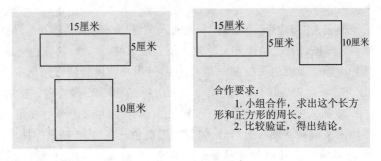

图 10-7　第 2 帧和第 8 帧的效果

⑤ 拖动播放头观看场景 3(计算周长),显示长方形和正方形的边长,提出小组讨论的问题。场景 3 的时间轴如图 10-8 所示。

5．制作场景 4——周长公式

本场景给出了周长的计算公式,并讲解了公式的由来。

图 10-8　场景 3(计算周长)的时间轴

操作步骤如下:

① 建立"按钮"层→移到图层 1 的下方→从库中将"全屏按钮"拖入舞台→使按钮遮盖舞台→在第 175 帧插入帧→定义按钮动作脚本如下:

```
on(release){
    play();
}
```

② 图层 1 改名为"矩形 1"→在第 1 帧中画矩形底部线条→给第 1 帧添加帧脚本 stop()→在第 92 帧插入关键帧→画矩形上部线条→在第 94 帧、第 97 帧、第 99 帧、第 102 帧插入关键帧→使矩形上下线条红、黑、红、黑变色→在第 127 帧插入关键帧→画矩形左边和上边轮廓线(左边为红色)→两线条组合→在第 139 帧插入关键帧→将组合顺时针旋转 180°→在两个关键帧之间创建传统补间→在第 143 帧插入关键帧→在第 153 帧插入关键帧→将组合逆时针旋转 180°→在两个关键帧之间创建传统补间→在第 175 帧插入帧。

③ 新建图层→改名为"矩形 2"→在第 1 帧中画矩形两边和上部线条(两边为红色)→将线条组合→在第 6 帧插入关键帧→在第 15 帧插入关键帧→以组合左下角为圆心顺时针旋转 90°→在两个关键帧之间创建传统补间→在第 16 帧插入关键帧→留下底部短红线其余删除→在第 72 帧插入空白关键帧→将旋转 90°的组合粘贴到当前位置→在第 81 帧插入关键帧→将

组合逆时针旋转回到原位置→在两个关键帧之间创建传统补间→在第 92 帧插入关键帧→留下两边短红线其余删除→在第 105 帧、第 108 帧、第 110 帧、第 113 帧插入关键帧→使短线黑、红、黑、红变色→在第 127 帧插入空白关键帧→粘贴矩形底部和右边线条(右边线条为红色)→在第 175 帧插入帧。

④ 新建图层→改名为"矩形 3"→在第 16 帧插入关键帧→将旋转 90°的组合去掉底端红短线粘贴到当前位置→在第 26 帧插入关键帧→以组合下端为圆心顺时针旋转 90°(组合水平放置)→在两个关键帧之间创建传统补间→在第 27 帧插入关键帧→保留水平长线去掉红色短线→在第 61 帧插入空白关键帧→将带有红短线的组合粘贴到当前位置→在第 71 帧插入关键帧→逆时针 90°旋转组合→在两个关键帧之间创建传统补间。

⑤ 新建图层→改名为"矩形 4"→在第 27 帧插入关键帧→比照"矩形 3"层第 27 帧的水平线右端位置粘贴矩形红短线→将红短线组合→在第 37 帧插入关键帧→以组合下端为圆心顺时针旋转 90°使红短线放平→在两个关键帧之间创建传统补间→在第 51 帧插入关键帧→在第 60 帧插入关键帧→利用同样的方法让红短线回到垂直状态。

矩形展开为直线,又反过来折成矩形。展开为直线如图 10-9 所示。

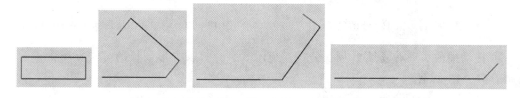

图 10-9 矩形展开为直线

⑥ 新建图层→改名为"标识"→在第 26 帧插入关键帧→在展开的矩形下方写文字"15 厘米"→在第 37 帧插入关键帧→在"15 厘米"的右边写文字"5 厘米"→在第 82 帧插入空白关键帧→在第 161 帧插入关键帧→在矩形上边和右边分别写文字"15 厘米"和"5 厘米"→在第 175 帧插入关键帧→给第 175 帧写帧脚本 stop()。

标识位置如图 10-10 所示。

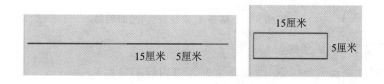

图 10-10 标识位置

⑦ 新建图层→改名为"公式 1"→在第 1 帧中的矩形上方和右边写"15 厘米"和"5 厘米"→在第 6 帧插入空白关键帧→将"15 厘米"写在矩形的下方→在第 15 帧插入关键帧→将"5 厘米"写在"15 厘米"的右边→在第 82 帧插入空白关键帧→在第 92 帧插入关键帧→在舞台下部写"15×2"→在第 103 帧插入关键帧→在"15×2"右边写"5×2"→在第 116 帧插入空白关键帧→写"15×2+5×2=40(厘米)"→将表达式移到舞台右边中间→在第 145 帧插入空白关键帧→写"(15+5)×2=40(厘米)"→在第 160 帧插入关键帧→将表达式移到舞台右下方→在第 175 帧插入帧→给 126 帧和 160 帧写帧脚本 stop()。

第 160 帧的效果如图 10-11 所示。

⑧ 新建图层→改名为"公式2"→在第41帧插入关键帧→比照下面图层的文字在合适位置插入3个加号和"＝40(厘米)"→在第82帧插入关键帧→写"15＋5＋15＋5＝40(厘米)"→在第90帧插入关键帧→将表达式移到舞台右上方→在第91帧插入关键帧→在表达式下方写"长＋宽＋长＋宽＝周长"→在第126帧插入关键帧→给下面表达式写"长×2＋宽×2＝周长"→在第160帧插入关键帧→给最下面表达式写"(长＋宽)×2＝周长"→在第175帧插入帧→给第90帧写帧脚本 stop()。

增加了新图层以后,第160帧的效果如图10-12所示。

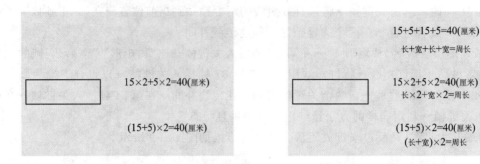

图10-11 第160帧的效果　　　　图10-12 增加新图层后第160帧的效果

⑨ 拖动播放头观看场景4(周长公式),显示3种计算长方形周长的方法。场景4的时间轴如图10-13所示。

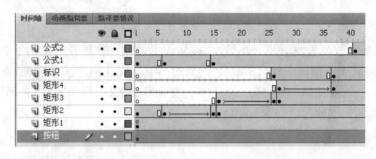

图10-13 场景4(周长公式)的时间轴

6. 制作场景5——课堂练习

本场景通过4个课堂练习题,增强学生对课堂内容的掌握。
操作步骤如下:

① 建立"按钮"层→移到图层1的下方→从库中将"全屏按钮"拖入舞台→使按钮遮盖舞台→在第51帧插入帧→定义按钮动作脚本如下:

```
on(release){
    play();
}
```

② 图层1改名为"衬底"→画大小为620×420的灰白色(♯CCCCCC)矩形→在第51帧插入帧。

③ 新建图层→改名为"出题"→在第1帧中写第1题→添加帧动作 stop()→在第2帧插

入空白关键帧→添加帧动作 stop()→写第 2 题→在第 3 帧插入关键帧→添加帧动作 stop()→在第 2 题下方写答案。第 1 题如图 10-14 所示。第 2 题如图 10-15 所示。

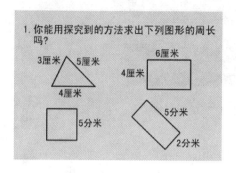

图 10-14　第 1 题

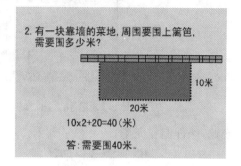

图 10-15　第 2 题

④ 在第 4 帧插入空白关键帧→添加帧动作 stop()→写第 3 题,如图 10-16 所示。

⑤ 在第 5 帧插入空白关键帧→添加帧动作 stop()→写第 4 题→在第 6 帧插入关键帧→将矩形右边凹进来的两根线条删除→在第 51 帧插入帧。第 4 题如图 10-17 所示。

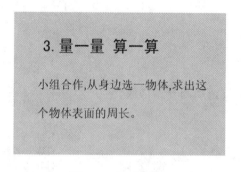

图 10-16　第 3 题

图 10-17　第 4 题

⑥ 新建图层→改名为"横线"→在第 6 帧插入关键帧→比照矩形缺口画红色横线→将线条转为组合→在第 19 帧插入关键帧→在第 31 帧插入关键帧→将横线移到矩形上边沿→在两个关键帧之间创建传统补间→在第 42 帧插入关键帧→在第 51 帧插入关键帧→将横线移回到原处→在两个关键帧之间创建传统补间→在第 51 帧添加帧动作 stop()。

⑦ 新建图层→改名为"横虚线"→在第 42 帧插入关键帧→比照红色横线在矩形上边沿画黑色虚线→在第 51 帧插入帧(注:当红色横线移回原处时,该处显示虚线)。

⑧ 新建图层→改名为"竖线"→在第 6 帧插入关键帧→比照矩形缺口画红色竖线→将线条转为组合→在第 18 帧插入关键帧→将竖线移到矩形右边沿→在两个关键帧之间创建传统补间→在第 32 帧插入关键帧→在第 41 帧插入关键帧→将竖线移回到原处→在两个关键帧之间创建传统补间→在第 51 帧插入帧。

⑨ 新建图层→改名为"竖虚线"→在第 32 帧插入关键帧→比照红色竖线在矩形右边沿画黑色虚线→在第 51 帧插入帧(注:当红色竖线移回原处时,该处显示虚线)。

⑩ 拖动播放头观看场景 5(课堂练习),显示 4 个题目,其中第 4 题用动画形式演示长方形变形体的周长计算方法。场景 5 的时间轴如图 10-18 所示。

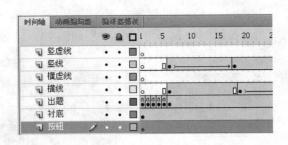

图 10-18 场景 5(课堂练习)的时间轴

至此,课件制作完毕。

10.2 制作音乐动画

10.2.1 设计要求

制作一个音乐动画,按照歌词内容制作与之相匹配的动画内容,用动画展示和加深歌词效果。

10.2.2 设计思路

按照歌词内容分别制作 7 个场景:
① 片头,显示片头文字和"播放"按钮,单击按钮动画开始播放。
② 分别,兄弟告别,其中一人离开。
③ 机场,飞机起飞,送行的人向飞机挥手。
④ 树下,一个人坐在树下思念,树叶飘落。
⑤ 烧烤店,兄弟重逢,在烧烤店痛饮。
⑥ 栏杆旁,兄弟在夜晚遥望星空,畅叙友情。
⑦ 感言,用一段文字结束。
"场景"面板如图 10-19 所示。

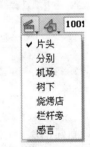

图 10-19 "场景"面板
(音乐动画)

10.2.3 设计过程

1. 准备工作

操作步骤如下:
① 建立"兄弟.fla"文档→定义文档背景色为橘黄色→定义文档帧频率为 24 帧/秒。
② 将相应位图和声音文件"龙井-兄弟.mp3"导入到库中→将需要使用的文字和字幕制作成图形元件→制作影片剪辑元件:几个动作不同的火柴人、星星、落叶。
③ 从公用库中拖出一个按钮元件→将按钮上的文字改为"播放"。

2. 制作场景 1——片头

本场景播放时,"音乐"两字从舞台右边移动到舞台中间,"动画"两字从舞台上方移动到舞台中间,"兄弟"两字旋转着从舞台上方移动到舞台中间,最后显示"播放"按钮,单击按钮播放后续场景。

操作步骤如下:

① 新建几个图层→从下到上依次命名为音、乐、动、画、兄弟、按钮。时间轴如图 10-20 所示。

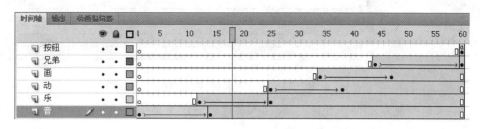

图 10-20 场景 1(片头)的时间轴

② 单击图层"音"的第 1 帧→将图形元件"音"拖放到舞台右侧工作区→在第 14 帧插入关键帧→将"音"拖放到舞台中→在两个关键帧之间创建传统补间→在第 60 帧插入帧。

③ 在图层"乐"的第 12 帧插入关键帧→将图形元件"乐"拖放到舞台右侧工作区→在第 25 帧插入关键帧→将"乐"拖放到"音"的旁边→在两个关键帧之间创建传统补间→在第 60 帧插入帧。

④ 在图层"动"的第 25 帧插入关键帧→将图形元件"动"拖放到舞台上方工作区→在第 38 帧插入关键帧→将"动"拖放到"乐"的旁边→在两个关键帧之间创建传统补间→在第 60 帧插入帧。

⑤ 在图层"画"的第 34 帧插入关键帧→将图形元件"画"拖放到舞台上方工作区→在第 47 帧插入关键帧→将"画"拖放到"动"的旁边→在两个关键帧之间创建传统补间→在第 60 帧插入帧。

⑥ 在图层"兄弟"的第 44 帧插入关键帧→将图形元件"兄弟"拖放到舞台上方工作区→在第 60 帧插入关键帧→将"兄弟"拖放到"画"的右下方斜放→在两个关键帧之间创建传统补间→在"属性"面板中定义顺时针旋转 12 次→第 60 帧插入帧。

⑦ 在"按钮"层的第 60 帧插入关键帧→添加帧动作 stop()→将"播放"按钮拖放到舞台左下角。给按钮写脚本如下:

```
on(press){
play();
}
```

⑧ 拖动播放头观看动画效果,第 60 帧的画面如图 10-21 所示。

3. 制作场景 2——分别

本场景显示一个舞台,兄弟在告别,其中一人向外走去,另一人挥手示意。音乐从本场景开始。

操作步骤如下:

① 新建几个图层→从下到上依次命名为背景、演员表、人物 1、人物 2、人物 3、兄弟、音乐。时间轴如图 10-22 所示。

② 单击"背景"层的第 1 帧→画"人生舞台"图形→在第 141 帧插入帧。

③ 在图层"演员表"的第 39 帧插入关键帧→将图形元件"演员表"拖放到舞台坐标(87,

图 10-21 场景 1 的第 60 帧

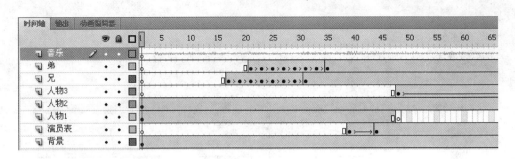

图 10-22 场景 2(分别)的时间轴

148)处→定义透明度为 20%→在第 44 帧插入关键帧→定义透明度为 100%→在两个关键帧之间创建传统补间→在第 141 帧插入帧。

④ 单击"人物 1"层的第 1 帧→将影片剪辑元件"场 1 人物 1"拖放到舞台坐标(321,157)处→在第 48 帧插入空白关键帧→单击"人物 2"层的第 1 帧→将影片剪辑元件"场 1 人物 1"拖放到人物 1 的右边坐标(421,157)处→将元件的实例水平翻转→在第 141 帧插入帧。

⑤ 在图层"人物 3"的第 48 帧插入关键帧→将影片剪辑元件"场 1 人物 2"拖放到"人物 1"层元件位置→在第 108 帧插入关键帧→将元件实例移动到舞台左边→在两个关键帧之间创建传统补间→在第 108 帧插入空白关键帧→将影片剪辑元件"场 1 人物 3"拖放到第 108 帧的实例位置→在第 114 帧插入空白关键帧→将影片剪辑元件"场 1 人物 4"拖放到前一关键帧实例位置→在第 141 帧插入帧。

⑥ 在图层"兄"的第 17 帧插入关键帧→将图形元件"兄"拖放到舞台上方→坐标在第 19 帧、第 21 帧、第 23 帧、第 25 帧、第 27 帧、第 29 帧、第 31 帧插入关键帧→使元件实例上、下抖动着停在坐标(150,63)处→在第 141 帧插入帧。

⑦ 在图层"弟"的第 21 帧插入关键帧→将图形元件"弟"拖放到舞台上方→在第 23 帧、第 25 帧、第 27 帧、第 29 帧、第 31 帧、第 33 帧、第 35 帧插入关键帧→使元件实例上、下抖动着停在坐标(250,63)处→在第 141 帧插入帧。

⑧ 单击"音乐"层的第 1 帧→在"属性"面板中选择声音文件"龙井-兄弟.mp3"→定义声音的"同步"属性为"开始"。

说明:在一个场景添加的声音可以延续播放到后续场景,直至动画全部播完。

⑨ 拖动播放头观看动画效果,第 141 帧如图 10-23 所示。

4. 制作场景 3——机场

本场景显示在机场送别兄弟的画面,一架飞机腾空而起,送行的人在跑道旁目送飞机远去。

操作步骤如下:

① 新建几个图层→从下到上依次命名为背景、字幕 1、飞机、引导层、人物 1,场景 3 的时间轴如图 10-24 所示。

图 10-23 场景 2 的第 141 帧

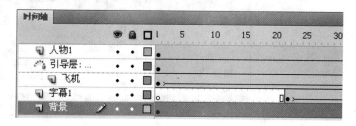

图 10-24 场景 3(机场)的时间轴

② 单击"背景"层的第 1 帧→将"飞机跑道"图形拖入舞台→在第 166 帧插入帧。

③ 在图层"字幕 1"的第 22 帧插入关键帧→将图形元件"字幕 1"拖到舞台坐标(344,41)处→定义实例大小为 29×8→在第 49 帧插入关键帧→定义实例大小为 282×80→在两个关键帧之间创建传统补间→在第 166 帧插入帧。

④ 在"飞机"引导层画引导线→单击"飞机"层的第 1 帧→将飞机拖到引导线起始点→在"飞机"层的第 166 帧插入关键帧→在引导层的第 166 帧插入帧→单击"飞机"层的第 166 帧→将实例拖到引导线终止点→在两个关键帧之间创建传统补间。

⑤ 单击"人物 1"层的第 1 帧→向舞台拖入两次影片剪辑元件"场 2 人物 2"→放在舞台右下角→在第 166 帧插入帧。

⑥ 拖动播放头观看动画效果,第 140 帧如图 10-25 所示。

图 10-25 场景 3 的第 140 帧

5. 制作场景 4——树下

本场景显示一个人坐在树下思念兄弟的画面,泪水流过脸颊,树叶徐徐落下。
操作步骤如下:

① 新建几个图层→从下到上依次命名为背景、字幕 2、人物 2、落叶 1、落叶 2、落叶 3。时间轴如图 10-26 所示。

② 单击"背景"层的第 1 帧→将图形元件"树 1"拖到舞台右侧工作区→在第 14 帧插入关键帧→将元件实例覆盖舞台→在两个关键帧之间创建传统补间→在第 229 帧插入帧。

③ 在图层"字幕 2"的第 31 帧插入关键帧→将图形元件"字幕 2"拖到舞台左上方工作

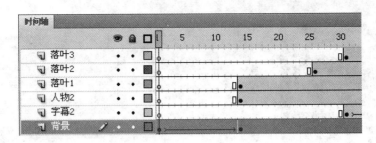

图 10-26 场景 4(树下)的时间轴

区→在第 45 帧插入关键帧→将"字幕 2"拖到舞台坐标(21,11)处→在两个关键帧之间创建传统补间→在第 229 帧插入帧。

④ 在"人物 2"层的第 14 帧插入关键帧→将影片剪辑元件"场 2 人物 1"拖放到舞台右下方坐标(488,308)处→在第 229 帧插入帧。

⑤ 在"落叶 1"层的第 14 帧插入关键帧→向舞台拖入影片剪辑元件"落叶"→放在树下坐标(307,257)处→在第 166 帧插入帧。

⑥ 在"落叶 2"层的第 26 帧插入关键帧→"落叶 3"层的第 31 帧插入关键帧→利用同样的方法拖入影片剪辑元件"落叶"→在第 166 帧插入帧。

⑦ 拖动播放头观看动画效果,第 200 帧如图 10-27 所示。

图 10-27 场景 4 的第 200 帧

6. 制作场景 5——烧烤店

本场景显示兄弟重逢画面,在烧烤店举杯畅饮。

操作步骤如下:

① 新建几个图层→从下到上依次命名为背景、遮罩层、字幕 3、餐桌、干杯小人 1、干杯小人 2。时间轴如图 10-28 所示。

② 单击"背景"层的第 1 帧→用图形元件"烧烤店"覆盖舞台→在第 349 帧插入帧。

③ 单击"遮罩层"的第 1 帧→在舞台中心画小椭圆→在第 14 帧插入关键帧→将椭圆放大到覆盖舞台→在两个关键帧之间创建补间形状→右击"遮罩层"→在弹出的快捷菜单中选择"遮罩层"→在第 349 帧插入帧。

④ 在"字幕 3"层的第 32 帧插入关键帧→将图形元件"字幕 3"拖到舞台右上角工作区

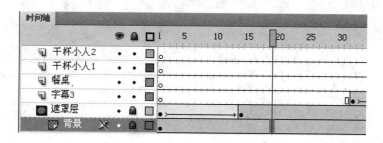

图 10-28　场景 5(烧烤店)的时间轴

中→在第 50 帧插入关键帧→将"字幕 3"拖放到舞台右上角坐标(310,4)处→在两个关键帧之间创建传统补间→在第 349 帧插入帧。

⑤ 在"餐桌"层的第 37 帧插入关键帧→将图形元件"餐桌"拖到舞台坐标(267,303)处→色调、红、绿、蓝值分别为 100、255、255、255→在第 49 帧插入关键帧→色调、红、绿、蓝值分别为 0、255、255、255→在两个关键帧之间创建传统补间→在第 349 帧插入帧。

说明：色调为 100,红、绿、蓝值均为 255,元件实例为白色；色调为 0,红、绿、蓝值均为 255,元件实例颜色不变。

⑥ 在"干杯小人 1"层的第 61 帧插入关键帧→将影片剪辑元件"场 2 人物 3-干杯"拖放到"餐桌"左边椅子位置→定义色调值为 100→在第 73 帧插入关键帧→定义色调值为 0→在两个关键帧之间创建传统补间→在第 349 帧插入帧。

⑦ 在"干杯小人 2"层的第 61 帧插入关键帧→将影片剪辑元件"场 2 人物 3-干杯"拖放到"餐桌"右边椅子位置→水平翻转→定义色调值为 100→在第 73 帧插入关键帧→定义色调值为 0→在两个关键帧之间创建传统补间→在第 349 帧插入帧。

⑧ 拖动播放头观看动画效果,第 80 帧如图 10-29 所示。

图 10-29　场景 5 的第 80 帧

7. 制作场景 6——栏杆旁

本场景显示兄弟聊天到深夜的画面,天上星星闪烁。

操作步骤如下：

① 新建几个图层→从下到上依次命名为背景、遮罩层、聊天小人 1、聊天小人 2、栏杆、星星 1、星星 2、星星 3、字幕 4。时间轴如图 10-30 所示。

② 单击"背景"层的第 1 帧→拖入图形元件"背景-聊天"覆盖舞台→在第 299 帧插入帧。

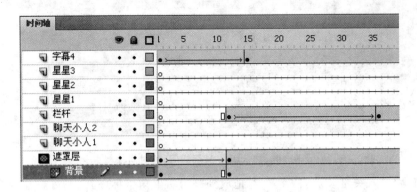

图 10-30　场景 6(栏杆旁)的时间轴

③ 单击"遮罩层"的第 1 帧→在舞台中心画小矩形→在第 14 帧插入关键帧→将矩形放大到覆盖舞台→在两个关键帧之间创建补间形状→右击"遮罩层"→在弹出的快捷菜单中选择"遮罩层"→在第 299 帧插入帧。

④ 在"聊天小人 1"层的第 60 帧插入关键帧→将影片剪辑元件"场 2 人物 3-聊天"拖到舞台→色调、红、绿、蓝值分别为 40、0、0、255→在第 71 帧插入关键帧→色调、红、绿、蓝值分别为 0、255、255、255→在两个关键帧之间创建传统补间→在第 299 帧插入帧。

⑤ 在"聊天小人 2"层的第 66 帧插入关键帧→将影片剪辑元件"场 2 人物 4-聊天 2"拖到前一个小人左边→色调、红、绿、蓝值分别为 40、0、0、255→在第 77 帧插入关键帧→色调、红、绿、蓝值分别为 0、255、255、255→在两个关键帧之间创建传统补间→在第 299 帧插入帧。

⑥ 在"栏杆"层的第 12 帧插入关键帧→将图形元件"栏杆"拖放到舞台右边工作区→在第 36 帧插入关键帧→将栏杆拖放到舞台左下方→在两个关键帧之间创建传统补间→在第 299 帧插入帧。

⑦ 在"星星 1"层的第 233 帧、"星星 2"层的第 238 帧、"星星 3"层的第 245 帧插入关键帧→分别将影片剪辑元件"星星"拖到舞台合适位置→在第 299 帧插入帧。

⑧ 单击"字幕 4"层的第 1 帧→将图形元件"字幕 4"拖放到舞台坐标(413,64)处→在第 15 帧插入关键帧→将"字幕 4"放大→在两个关键帧之间创建传统补间→在第 299 帧插入帧。

⑨ 拖动播放头观看动画效果,第 80 帧如图 10-31 所示。

图 10-31　场景 6(栏杆旁)的第 80 帧

8. 制作场景7——感言

本场景给出了关于兄弟的一段肺腑之言,感人至深。

操作步骤如下:

① 新建几个图层→从下到上依次命名为背景、遮罩层、字幕5、END。时间轴如图10-32所示。

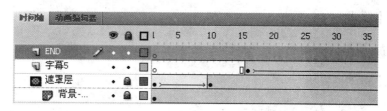

图10-32 场景7(感言)的时间轴

② 单击"背景"层的第1帧→画黑色矩形覆盖舞台→在第177帧插入帧。

③ 单击"遮罩层"的第1帧→在舞台中心画小椭圆→在第10帧插入关键帧→将椭圆放大到覆盖舞台→在两个关键帧之间创建补间形状→右击"遮罩层"→在弹出的快捷菜单中选择"遮罩层"→在第177帧插入帧。

④ 在"字幕5"层的第15帧插入关键帧→将图形元件"字幕5"拖放到舞台下方工作区→在第91帧插入关键帧→将"字幕5"移到舞台中间→在两个关键帧之间创建传统补间→在第177帧插入帧。

⑤ 在END层的第178帧插入关键帧→放入字母E→每隔3帧插入关键帧→依次放入字母N和D→在第220帧插入关键帧→添加帧动作stop()→拖入"重播"按钮→给按钮写动作脚本如下:

```
on(press){
    gotoAndPlay("片头",1);
}
```

⑥ 拖动播放头观看动画效果,第100帧如图10-33所示。

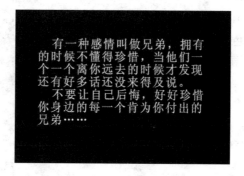

图10-33 场景7(感言)的第100帧

至此,音乐动画制作完毕。

10.3 制作静态网站

网站类似于文件夹,网站的所有资源都要放在这个文件夹里。如果资源较多,可以在站点中再建立文件夹,分门别类存放相关文件。

10.3.1 设计要求

制作一个静态网站"我的家乡",在主页中用按钮链接所有网页动画。

10.3.2 设计思路

按照网站主题分别制作7个动画。
① 主页,有页面横幅和按钮,单击按钮将其他网页动画显示在指定区域。
② 首页,介绍家乡主要信息。
③ 地理,介绍家乡地理位置。
④ 景点,介绍家乡旅游景点。
⑤ 风筝,介绍家乡风筝文化。
⑥ 剪纸,介绍家乡剪纸文化。
⑦ 小吃,介绍家乡特色小吃。

10.3.3 设计过程

1. 准备工作

操作步骤如下:
① 制作图片轮换动画,舞台大小为175×120(参照"实验5-3 图片轮换.fla")。
② 制作网页横幅动画,舞台大小为800×160(参照"实验5-4 网页横幅.fla")。

2. 制作首页

操作步骤如下:
① 新建文档"首页.fla"→修改舞台大小为800×510→定义舞台背景色为白色。
② 将"图片轮换.swf"导入到库中→在"属性"面板的"AS链接"处输入"a1"。
③ 将Loader组件拖放到舞台→大小为175×120→坐标为(46,90)→在contentPath文本框中输入"a1"→其他选项均被选中。Loader组件的设置如图10-34所示。
④ 单击文本工具→在"属性"面板中选择"静态文本"→定义字颜色为黑色→标题文字大小为28点→内容文字大小为18点→分多次写文字。
⑤ 测试影片,生成"首页.swf"。

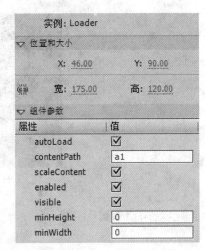

图10-34 Loader组件的设置

首页效果如图 10-35 所示。

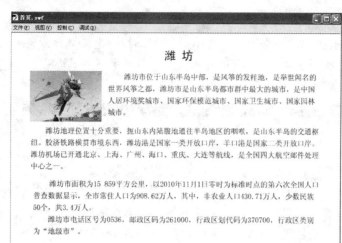

图 10-35　首页效果

3．制作"地理"页

操作步骤如下：

① 新建文档"地理.fla"→修改舞台大小为 800×510→定义舞台背景色为白色。

② 向库中导入 5 幅大小为 130×100 的图片→将图片转换为影片剪辑元件→在"属性"面板中依次给各影片剪辑的"AS 链接"处分别输入"a1"、"a2"、"a3"、"a4"、"a5"。

③ 在舞台生成 Loader 组件的 5 个实例→排成一排→依次给组件的 contentPath 文本框输入"a1"、"a2"、"a3"、"a4"、"a5"→其他选项均被选中。

④ 单击文本工具→在"属性"面板中选择"静态文本"→定义字颜色为黑色→标题文字大小为 28 点→内容文字大小为 18 点→分多次写文字。

⑤ 测试影片，生成"地理.swf"。

"地理"页效果如图 10-36 所示。

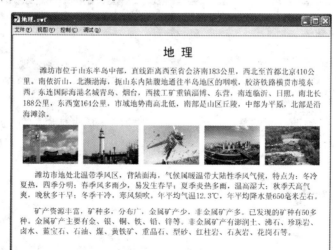

图 10-36　"地理"页效果

4．制作"景点"页

操作步骤如下：
① 新建文档"景点.fla"→修改舞台大小为800×510→定义舞台背景色为白色。
② 利用类似方法用图片、Loader组件和文字制作动画→测试影片，生成"景点.swf"。"景点"页效果如图10-37所示。

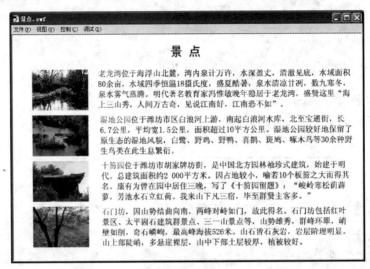

图10-37 "景点"页效果

5．制作"风筝"页

操作步骤如下：
① 新建文档"风筝.fla"→修改舞台大小为800×510→定义舞台背景色为白色。
② 利用类似方法用图片、Loader组件和文字制作动画→测试影片，生成"风筝.swf"。"风筝"页效果如图10-38所示。

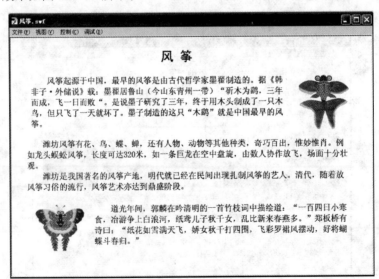

图10-38 "风筝"页效果

6．制作"剪纸"页

操作步骤如下：

① 新建文档"剪纸.fla"→修改舞台大小为800×510→定义舞台背景色为白色。

② 利用类似方法用图片、Loader组件和文字制作动画→测试影片，生成"剪纸.swf"。"剪纸"页效果如图10-39所示。

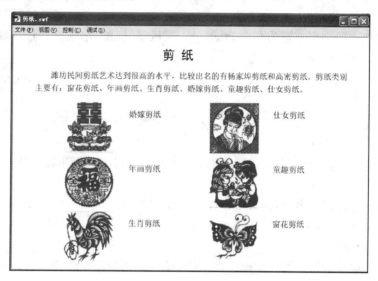

图10-39 "剪纸"页效果

7．制作"小吃"页

操作步骤如下：

① 新建文档"小吃.fla"→修改舞台大小为800×510→定义舞台背景色为白色。

② 利用类似方法用图片、Loader组件和文字制作动画→测试影片，生成"小吃.swf"。"小吃"页效果如图10-40所示。

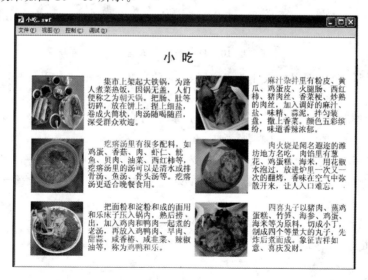

图10-40 "小吃"页效果

8. 制作主页

主页是网站中最重要的网页,由主页调用其他网页。主页的名字为 index.html,可以在发布影片中设置。为讲课效果需要,暂且给主页起名为"主页.fla"。

操作步骤如下:

① 新建文档"主页.fla"→修改舞台大小为 800×700→定义舞台背景色为白色。

② 制作 6 个大小为 100×28 矩形按钮→"弹起"帧为淡蓝色→"指针经过"帧为黄色→坐标为(0,0)→按钮上的文字分别为首页、地理、景点、风筝、剪纸、小吃,均为矩形按钮→文字为黑色(参照"例 5-8 红按钮.fla")。

③ 制作一个大小为 84×28 的淡蓝色矩形图形元件→元件坐标为(0,0)→命名为"蓝矩形"。

④ 制作一个大小为 800×160 的灰色矩形影片剪辑元件→元件坐标为(0,0)→命名为"头部矩形"。

⑤ 制作一个大小为 800×560 的灰色矩形影片剪辑元件→元件坐标为(0,0)→命名为"内容矩形"。

⑥ 导入音频文件到库中(本例为"儿时记忆.mp3")→导入"网页横幅.swf"到库中。

⑦ 新建 3 个图层(加上图层 1 共有 4 个图层)→分别给 4 个图层改名→从下到上依次命名为顶部、按钮、中部、音乐。

⑧ 单击"顶部"层的第 1 帧→从库中把影片剪辑"顶部矩形"拖放到舞台→在"属性"面板中定义实例坐标为(0,0)→实例名称为 top。

⑨ 单击"按钮"层的第 1 帧→两边用"蓝矩形"、中间用按钮排成一排→左边矩形大小为 31×28→坐标为(0,163)→右边矩形大小为 236×28→坐标为(563,163)→6 个按钮平均分布在两个蓝矩形中间。本操作制作了导航条。

⑩ 建立大小为 227×24 的动态文本框→移动到右边矩形上→在"属性"面板中给动态文本域变量起名为 tt→定义文字大小为 18 点→文字颜色为黑色,如图 10-41 所示。

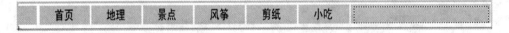

图 10-41 动态文本框

⑪ "按钮"层舞台底部建立大小为 800×45 的蓝色矩形→用文本工具写静态文字→文字内容为版权信息。

⑫ 单击"中部"层的第 1 帧→从库中把影片剪辑"内容矩形"拖放到舞台→在"属性"面板中定义实例坐标为(0,197)→实例名称为 body。

⑬ 单击"音乐"层的第 1 帧→在"属性"面板中展开"声音"组→在"名称"下拉列表框中选择音乐文件(本例选"儿时记忆.mp3"→在"同步"下拉列表框中选择"开始"→播放方式选中"循环"。

⑭ 给按钮写动作脚本。

"首页"按钮动作代码如下:

```
on (press) {
    body.loadMovie("首页.swf",this);         //把"首页.swf"显示在影片剪辑 body 中
```

}

"地理"按钮动作代码如下：

```
on (press) {
    body.loadMovie("地理.swf",this);     //把"地理.swf"显示在影片剪辑 body 中
}
```

"景点"按钮动作代码如下：

```
on (press) {
    body.loadMovie("景点.swf",this);     //把"景点.swf"显示在影片剪辑 body 中
}
```

"风筝"按钮动作代码如下：

```
on (press) {
    body.loadMovie("风筝.swf",this);     //把"风筝.swf"显示在影片剪辑 body 中
}
```

"剪纸"按钮动作代码如下：

```
on (press) {
    body.loadMovie("剪纸.swf",this);     //把"剪纸.swf"显示在影片剪辑 body 中
}
```

"小吃"按钮动作代码如下：

```
on (press) {
    body.loadMovie("小吃.swf",this);     //把"小吃.swf"显示在影片剪辑 body 中
}
```

⑮ 单击"顶部"层的第 1 帧，写帧动作代码如下：

```
top.loadMovie("网页横幅.swf",this);     //把"网页横幅.swf"显示在影片剪辑 top 中
body.loadMovie("首页.swf",this);        //把"首页.swf"显示在影片剪辑 body 中
today = new Date();                      //生成 Date 对象的实例
y = today.getFullYear();                 //取得年份数字
m = today.getMonth() + 1;                //取得月份数字
d = today.getDate();                     //取得日期数字
aa = y + "年" + m + "月" + d + "日";
b = today.getDay();                      //取得星期数字
switch (b)                               //把星期数字转换成相应的汉字
{
case 0: aa = aa + "星期天";break;
case 1: aa = aa + "星期一";break;
case 2: aa = aa + "星期二";break;
case 3: aa = aa + "星期三";break;
case 4: aa = aa + "星期四";break;
case 5: aa = aa + "星期五";break;
case 6: aa = aa + "星期六";
```

}
tt = aa;   //把系统当前的日期星期显示在动态文本框里

⑯ 测试"主页"影片,影片有背景音乐,单击一个按钮,相对应的网页会显示在内容区域。合成后的网页效果如图10-42所示。

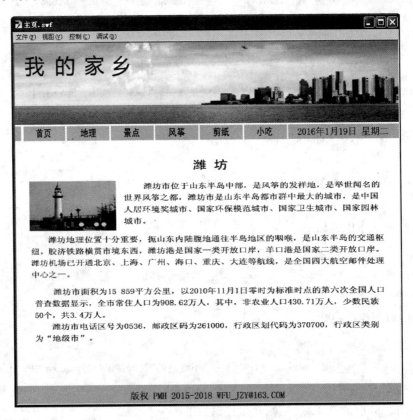

图10-42 合成后的网页效果

上机练习题十

(1) 制作小学课件,介绍一年中的4个季节。
(2) 制作动画,展示"锄禾日当午,汗滴禾下土,……"的诗歌内容。
(3) 自选一首歌曲,根据歌曲内容制作音乐动画。
(4) 自选一个寓言或童话故事,根据故事内容制作动画。
(5) 自选主题,制作一个静态网站。

参考文献

[1] 胡崧. Flash 中文版标准教程 CS4[M]. 北京:中国青年出版社,2011.
[2] 卓越科技. Flash CS4 动画入门、进阶与提高[M]. 北京:电子工业出版社,2010.